JN412117

국내 최초 가을생산용

딸기 고슬 재배 매뉴얼

농촌진흥청 국립식량과학원

contents

국내 최초 가을생산용 딸기 고슬
재배 매뉴얼

I

육성경위 및 품종특성

육성경위

품종특성

'고슬' 품종의 권리 및 보호

I 육성경위 및 품종특성

육성경위

가을생산용 딸기 신품종 '고슬' 은 농촌진흥청 직무육성품종으로서 고온기에도 꽃대출현이 잘되고 과일비대가 우수한 품종이다. 교배조합은 대과성이며 중일성인 미국의 '알비온' 품종을 모본으로 하고 다수성이며 맛이 좋은 일계성인 '설향' 품종을 부본으로 2012년 인공교배 후 400개의 실생개체를 얻었다. 이를 아주심기하여 고온기에 화방출현이 우수한 27개체를 선발하였다. 이후 3년간에 걸쳐 대관령의 재배포장에서 생산력검정, 특성검정, 지역적응성검정을 병행하여 최종 선발하였다. 2016년에 '새봉9호' 로 계통명을 부여하고 그 해 농촌진흥청 농작물직무육성 신품종 선정위원회 심의를 거쳐 '고슬' (GOSEUL)로 명명하였고 2017년 국립종자원 품종보호권을 출원하여 2019년 품종보호권이 등록(제7504호)되었다.

품종특성

가. 식물체 및 생태적 특성

표 1. '고슬' 품종의 식물체 및 생태적 특성

품종명	초 형	초세	엽 형	과 형	과 색	꽃대발생
고 슬	개장형	중약	원 형	원추형	붉은색	연 속
육 보	직립형	강	원 형	난 형	연한 붉은색	불연속

'고슬' 품종의 식물체는 개장형으로 약간 벌어지는 형태로 자라기 때문에 겨드랑눈 발생이 많다. 초세가 다소 약하기 때문에 과일이 많이 착과되면 식물체가 다소 작지만 고온기에 아주심기 하더라도 꽃대가 잘 발생하는 편이다. 또한 아주심기 후 꽃대를 없애거나 영양생장이 우세하여 초세가 왕성하게 되면 꽃대발생이 지연될 수 있으니 주의해야 한다. 잎의 모양은 원형에 가깝고, 과일 모양은 둥근 원추형이다. 과일색깔은 고온기 재배 시 붉은 색을 띠고, 저온기 재배 시 짙은 붉은 색을 띤다. 꽃대발생은 고온장일에서도 연속적으로 발생한다. 그러나 영양생장이 왕성하면 발생하지 않는다.

〈가을생산시 과일모양〉

〈겨울생산시 과일모양〉

표 2. '고슬' 품종의 생육특성

품종명	초 장 (cm)	엽수 (매/주)	엽장 (cm)	엽폭 (cm)	화방장 (cm)
고 슬	28.1	10.5	9.5	8.7	25.1
육 보	36.8	8.0	8.3	7.6	25.5

※ 재배지역 : 해발 800m 대관령, 재배기간 : 8월 5일~10월 31일

〈대관령재배시 9월 하순의 '고슬' 딸기 과일(좌: 여름딸기, 우: 고슬딸기)〉

'고슬' 품종의 초장은 '육보' 보다 작으며 과일이 많이 착과되면 초장이 더 작아지며, 엽수도 많은 편은 아니다. 꽃대길이도 고온기에 1화방은 25cm 정도로 길어지나 2화방부터는 아주 길지는 않다. 재배시험 중 8월 5일에 아주 심기 했을 경우 아주심기 후 20일 내에 개화되었고 개화 후 30일경 첫 수확이 시작되었다. 따라서 9월 수확을 위해서는 아주심기를 7월로 약간 앞당길 필요가 있다.

나. 휴면과 화아분화 특성

1) 휴면성

'고슬' 의 모주를 11월 23일부터 12월 23일까지(480시간) −2℃에서 저온저장 후 온실(온도 10~25℃, 일장 16시간)에 아주심기한 결과 런너가 전혀 발생하지 않아 휴면이 타파되지 않은 것으로 확인되었으며, 이듬해 1월 5일(960시간)에 꺼낸 아주심기묘에서는 런너가 발생하여 휴면이 타파된 것으로 확인되었다. 따라서 '고슬' 의 휴면타파를 위해서는 5℃이하의 저온에서 1,000시간 이상 경과하여야 한다.

표 3. '고슬' 품종의 휴면타파 요구시간과 런너발생

아주심기일 (저온경과시간)	12월 13일 (480시간)	이듬해 1월 5일 (960시간)	이듬해 1월 24일 (1,440시간)	이듬해 2월 14일 (1,920시간)
발생일 (월.일)	×	2.29, 2.21	3.15, 3.17, 3.19	3.25, 3.27, 4.3

2) 화아분화 특성

'고슬' 품종을 해발 800m의 대관령에서 4월 20일 아주심기하였을 때 첫 번째 꽃대(1화방)는 아주심기 후 34일이 지난 5월 24일에 발생하여 6월 26일에 첫 수확되었다. 10월 31일까지 발생한 꽃대를 모두 조사한 결과 8.0개가 발생하여 사계성 딸기처럼 고온장일에서도 꽃대가 계속 발생하였다.

표 4. '고슬' 품종의 봄 아주심기 시 생육 및 개화특성

품종명	엽수 (매/주)	초장 (cm)	크라운수	화방수 (개/주)	화방장 (cm)	출뢰기 (월. 일)	개화기 (월. 일)	첫 수확일 (월. 일)
고 슬	20.0	29.8	3.2	8.0	28.2	5.24	5.30	6.26
플라멩고	31.8	31.3	6.6	10.3	24.7	5.5	5.13	6.4

※ 재배기간 : 4월 20일~10월 31일(해발 800m 대관령재배시)

표 5. '고슬' 품종의 여름 아주심기 시 꽃대발생과 개화특성

품종명	화방장 (cm)	화방수 (개/주)	화 수 (개/화방)	개화기 (월. 일)	첫 수확일 (월. 일)
고 슬	25.1	2.5	8.4	8. 25	9. 24
육 보	25.5	1.0	8.5	8. 25	9. 24

※ 재배기간 : 4월 20일~10월 31일(해발 800m 대관령재배시)

〈'고슬'의 화방과 꽃수〉

〈착과된 모습(2019.2)〉

'고슬' 품종을 대관령에서 8월 5일에 아주심기하면 10월 31일까지 꽃대는 2.5개가 발생하였고 과일은 아주심기 후 50일에 수확되었다.

다. 과일 품질 특성

표 6. '고슬' 품종의 여름 아주심기 시 품질특성

품종명	당 도 (°Brix)	산 도 (%)	당 산 비 (당/산)	경 도 (g/mm²)
고 슬	12.9	0.50	25.8	25.0

※ 재배기간 : 8월 5일~10월 31일(해발 800m 대관령재배시)

표 7. '고슬' 품종의 여름 아주심기 시 월별 열매달림(해발 800m 대관령재배시)

9월 열매달림	10월 열매달림	11월 열매달림
– 크기: 20g 이상 – 당도: 10 °Brix 이상	– 크기: 30g 이상 – 당도: 11 °Brix 이상	– 크기: 40g 이상 – 당도: 12 °Brix 이상

'고슬' 딸기는 재배시기의 온도환경에 따라 과일모양, 당도, 산도, 경도가 모두 달라진다. 과색은 고온일수록 붉은색이나 저온일수록 짙은 붉은색을 나타낸다. 대관령 여름 아주심기 시 당도는 1화방(9~10월)에서는 9~10 °Brix이나, 2화방(10~11월)에서는 11~13 °Brix를 나타낸다. 과일크기는 1화방(9월)에서는 10~20g, 2화방(10월 이후)에서는 20~70g 범위로 생산된다. 산도는 고온일수록 높고 저온일수록 낮다. 경도는 고온일수록 무르고 저온일수록 단단하다.

라. 수량특성

'고슬' 품종을 대관령에서 4월 20일 아주심기하였을 때 1포기당 수확과중은 여름딸기('플라멩고')보다 381.9g정도 더 많았으며, 상품과율도 훨씬 높아 고랭지 여름재배도 가능하였다.

표 8. '고슬' 품종의 봄 아주심기 시 수량특성

품종명	과형지수 (과경/과고)	상품과중 (g/주)	상품률 (%)	상품수량 (kg/1,000m^2)
고 슬	0.81	632.9	69	3,798
플라멩고	0.82	252.0	49	1,512

※ 재배기간 : 4월 20일~10월 31일(해발 800m 대관령재배시)

〈겨울에 생산된 당도〉

〈겨울에 생산된 과일크기〉

해발 800m의 대관령에서 9월 하순부터 11월 상순까지 수확하였을 때 평균과중은 25.9g, 주당 상품과수는 8.4개, 상품과중은 217.6g이었으며, 상품과율이 91%로 높아 상품수량은 1,000m^2(300평)에서 1,958kg이 생산되었다. 겨울에 재배하면 과일크기도 50g 이상 커지고 당도와 경도도 크게 올라간다(사진 참조). 겨울에 낮은 저온환경(5℃±2℃)에서는 과일끝만 착색되어 물러지므로 약간 높은 온도관리가 필요하다(사진 참조).

〈겨울에 착과된 1화방 모습(화천)〉

〈겨울에 착과된 1번과(화천)〉

표 9. '고슬' 품종의 여름 아주심기 시 수량특성(2015년, 해발 800m 대관령재배시)

품종명	평균과중 (g/개)	상품과수 (개/주)	상품과중 (g/주)	상품과율 (%)	상품수량 (kg/1,000m^2)
고 슬	25.9	8.4	217.6	91	1,958

마. 병충해 저항성

표 10. '고슬' 품종의 봄 아주심기 시 병충해 저항성(2015년)

병 해			충 해		
흰가루병	잿빛곰팡이병	시들음병	진딧물	응 애	총채벌레
1	1	1	2	2	4

※ 저항성지수 : 1~5(1;강, 5;약)

※ 재배기간 : 4월 20일~10월 31일(해발 800m 대관령재배시)

표 11. '고슬' 품종의 여름 아주심기 시 병충해 저항성(2015년)

품종명	병 해			충 해		
	흰가루병	잿빛곰팡이병	시들음병	진딧물	총채벌레	응 애
고 슬	1	1	1	2	2	2
육 보	1	1	1	2	2	3

※ 저항성지수 : 1~5(1;강, 5;약)

※ 재배기간 : 8월 5일~10월 31일(해발 800m 대관령재배시)

해발 800m 고랭지에서 봄이나 여름 아주심기 시 특별한 병해는 나타나지 않았으나 충해는 다른 품종들과 유사하게 발생하였다. 딸기에 발생하는 병해 중 흰가루병은 교배모본인 '설향' 품종의 저항성을 도입하여 '고슬' 품종에서는 거의 발병하지 않는다. 그러나 잿빛곰팡이병은 과습시 과일에 발병한 바 있다.

바. 재배상 유의점

〈근권냉방 : 지하수배관 설치〉

'고슬' 품종은 7월 하순에 아주심기해야 9월 수확이 가능하다. 따라서 모주의 아주심기 시기는 2~3월로 촉성품종보다 약 1개월 빨라야 한다. 또한 런너를 증식한 후 자묘를 폿트에 발근시키는 시기가 5월 하순 이전에 이루어져야 관부 두께가 10mm 이상의 우량묘를 육성하게 되어 1번 꽃대에서도 큰 과일을 수확할 수 있다. 또한 7~8월 고온기에 질소비료를 너무 많이 주면 꽃대발생이 늦어질 우려도 있으므로 질소시비는 적당히 하여야 한다. '고슬' 품종은 꽃대발생이 너무 잘 되어 육묘가 잘되지 못하면 심지주가 발생하여 2화방 발생이 없어지므로 묘를 잘 키워야 한다. 모종의 아주심기 시기가 7월 하순으로 열대야가 있는 시기이기 때문에 육묘시기부터 각종 냉방관리를 잘 하여야 한다.

고랭지가 아닌 평난지에서는 기본적으로 지하수를 이용한 수막시설과 지하수로 배관을 통한 근권냉방을 실시는 것이 좋고, 30%정도의 차광망 설치는 기본이다. 이 시설은 기본적으로 아주심기 후 9월 중하순까지 사용하여야 한다. 그러나 해발 300m의 준고랭지 이상의 지대에서는 약간의 냉방장치만 필요하다.

〈왼쪽: 정상, 오른쪽: 화방지연〉

〈심지주〉

〈과습에 의한 잿빛곰팡이병 피해〉

10월 이후 하우스 밀폐에 의해 밤에 상대습도가 높아지면 과습에 의해 잿빛곰팡이병 피해가 발생하므로 하우스 습도관리에 유의해야 한다.

재배시 당부사항

- 모주는 휴면타파를 위해서는 충분한 저온요구시간(5℃이하 누적시간 1,000시간 이상)이 반드시 필요(반드시 -2℃ 냉동저장)
- 7월 하순 아주심기를 위해서는 모주의 모종을 2월에 아주심기
- 육묘시 모주에서 발생하는 꽃대는 모두 제거
- 모주의 런너발생을 위해서는 야간 17℃이상, 전등조명 16시간 필요(2~5월)
- 아주심기용 묘는 꽃대형성 확인후 아주심기하며 재배방법은 '설향' 품종에 준함
- 아주심기 시기는 7~9월(9월 중순 아주심기해도 '설향' 보다 1달 빨리 수확 가능)
- 7월 아주심기 시 냉방시설 반드시 필요(주간엔 차광과 환기, 야간엔 수막, 근권냉방 등)
- 고온기 아주심기 후 병충해 예방 및 방제 철저(응애, 총채벌레, 진딧물 등)
- 아주심기 후 발생된 겨드랑눈은 주의하면서 제거(생장점제거로 심지주 만듬)
- 고온기 아주심기 후 착과된 1화방은 3과를 남기고 과일솎기
- 저온기에 수확(10~11월)하는 2화방은 화방당 7개 정도 남기고 과일솎기
- 너무 무리한 겨드랑눈제거는 생육을 위축시키거나 생장속도 감소 (적정 겨드랑눈수 3개 이내)
- 3화방(12월~3월) 이후 과비대가 좋아 화방당 5개 이내로 과일솎기
- 아주심기 후 9월 하순부터 전등조명재배 실시(일장 15~16시간)
- 저온기 초세가 약화(과다착과) 될 우려가 있으므로 아주심기 후 충분한 세력 확보
- 저온기에는 식물체가 작아지므로 가급적 10℃ 이상의 온도환경 확보

'고슬' 품종의 권리 및 보호

- **종자원 품종등록일 : 2019. 1. 30.**
- **품종보호권 등록번호 : 제 7504호**
- **품종보호권 존속기간 : 2019. 1. 30. ~ 2039. 1. 29.**

☞ '고슬' 품종 분양묘를 영리적으로 생산 · 판매할 경우에는 전용실시권 설정, 통상실시권 허락, 종자의ㅈ보증 등 '종자산업법' 에 의거하여 실시할 수 있으므로 분양목적외 사용을 금지합니다.

육묘기 관리

모주준비

장기 냉장저장 방법

육묘관리

육묘기 주요 작업일정

Ⅱ 육묘기 관리

모주준비

가. 딸기는 바이러스병에 걸리기 쉬우므로 생장점배양을 거쳐 나온 우량묘를 3~4년 주기로 교체하여 우량한 모주를 생산하여 이용하는 것이 좋음

나. 기본적으로 모주는 가을에 아주심기 후 런너에서 나온 자묘를 받아 묘를 만들어 병원균 침입이 없고 관부가 굵은 것으로 준비('설향' 은 겨울재배 후 봄에 런너가 발생하여 제자리육묘가 가능하나 '고슬' 은 겨울재배 후 휴면타파가 되지 않아 런너 발생이 없으며 따라서 제자리육묘가 불가능함).

다. 겨울에 저온처리되어 완전히 휴면타파된 묘를 준비하고 특히 뿌리의 세력이 좋아야 함(가장 중요함, 고슬은 '설향' 보다 휴면이 깊음)

라. 휴면타파한 모주는 1~2월경에 포트에 임시심기하여 하우스안에 새 잎과 뿌리를 발근시킨 후 2~3월 사이 본포에 아주심기함

마. 반드시 아주심기 전에 각종 병충해 방제(탄저병, 응애 등)를 하고 아주심기함

장기 냉동저장 방법(냉동보관함으로써 휴면이 타파됨)

가. 폿트상태로 냉동저장할 경우 전년도 11월에 -2℃에서 보관함

나. 포기상태로 냉동저장할 경우 전년도 11월에 뿌리의 흙을 털거나 또는 털지않고 약간 건조하게 비닐봉지(0.03~0.1mm)에 넣어 -2℃에 보관함

다. 저장묘 만들기 : 자묘를 포트에 심는 시기는 8~9월 하순경에 실시하여 일시에 뿌리를 내리고 튼튼하게 육성함

라. 주의사항

- 묘저장시 묘가 너무 습하거나 건조하지 않도록 하여야 하며, 수시로 냉동고의 온도를 체크하여 정전 등에 의한 피해가 없도록 주의
- 냉동고 내에 묘를 비닐봉지채 쌓으면 묘가 눌려 조직이 상하고 초기 생육이 저하되기 때문에 종이박스나 컨테이너 박스에 넣어 보관함
- 1~2월 하순에 냉동저장묘를 꺼내 포트에 임시심기하고 20~30일 생육촉진 후 2~3월에 모주를 아주심기함
  → 냉동저장묘 해동시간 : 2월(3일 이상), 3월(2일 이상)
- 냉동저장묘는 임시심기하면 많은 노동력 소요되는데, 아주심기 이후 활착에 큰 차이가 없으므로 임시심기 단계를 생략하고 직접 아주심기 할 수도 있음

〈모주보관용 냉동온도: 약-2℃(순천시농업기술센터 제공)〉

〈냉동저장시 비닐과 저장용 박스 사진〉

〈냉동저장묘 해동(좌) 잎 제거 및 뿌리털기(순천시농업기술센터 제공)〉

육묘관리

가. 런너발생 촉진

런너가 많이 발생하려면 영양생장이 최대한 많이 되도록 해야 하며, 자연조건에서는 6월에 런너발생이 가장 많다. '고슬' 품종의 가을생산을 위한 육묘는 런너 발생시기를 일찍 앞당겨야 7월 아주심기로 9월 수확이 가능하다. 따라서 많은 런너 발생을 위해서 낮길이가 가장 길어지는 6월처럼(온도와 일장조건) 육묘상을 만드는 것이 중요하다.

딸기 생장점은 런너로 바뀌는데 관부(크라운)의 기부 안쪽에 붙어 있던 눈이 휴면에서 깨어난 상태에서 고온장일조건인 밤온도 17℃이상, 일장 13시간 이상이 되어야만 런너로 분화된다. 딸기는 5℃ 이하에서 타발휴면에 돌입하며 17℃ 이하에서는 런너분화가 잘 이루어지지 않는다. 딸기육묘 시 야간온도가 17℃ 이상이 되도록 가온 및 보온시설을 설치하여야 하며, 전등조명 시설도 갖추어 일장이 14~16시간 이상 유지되도록 하여야 한다. 따라서 2월부터 고온장일조건으로 모주를 관리(전등조명재배)하며, 2~3월 아주심기 후에도 보온 및 가온과 전등조명으로 장일조건을 만들면 런너 발생량이 많아진다. 육묘 트레이나 개별포트에 자묘를 받기 시작하는 5월 중하순까지 채묘를 하여야 적정한 크기의 우량묘를 확보할 수 있다. '고슬' 품종은 중일성 품종으로 육묘중 꽃대가 계속 발생하므로 발생되는 꽃대는 모두 빨리 제거해야 한다.

〈런너발생(좌) 런너발생중 꽃대발생(우)〉

수경육묘 재배시 육묘기간동안 적정 온도 및 배양액 관리를 통해 영양생장을 유지하되 초세가 약화되거나 영양생장이 감소되면 요소 0.15% 액을 3~4일 간격으로 엽면시비를 지속적으로 실시한다.

'고슬' 품종은 육묘시 관수 및 영양관리가 미흡할 경우 모주 및 자묘의 생장이 약해지므로 고설육묘일 경우 함수율 및 배액량, 배액EC, 배액pH 등을 항시 체크하여 영양생장이 되도록 관리한다.

나. 우량묘 육성

관부(크라운)를 최대한 굵게 키워서 우량묘를 육성하려면 딸기의 적정 생육조건을 최적화하기 위한 환경관리가 중요하다. 적정 환경관리 방법은 다음과 같다.

- 모주는 3년에 1회 정도 무병묘로 교체
- 모주 아주심기(2~3월) 후 야간온도를 17℃ 이상 유지(가온 필요)
- 전등조명 시설도 갖추어 일장이 14~16시간이 되도록 유지
- 5℃ 이하가 되면 타발휴면에 돌입하므로 보온과 가온 철저
- 육묘초기에 우선되는 제거작업(겨드랑눈, 곁눈 런너, 꽃대 등)
- 모주에 양수분 공급은 오전에 1~2회 및 오후 관수 금지(습해 방지)
- 고설육묘시 양분 공급액의 농도(EC)가 0.7~0.8dS/m이 되도록 관리
- 트레이 간격이 넓을수록 우량묘 육성 가능(넓은 간격의 트레이 사용)
- 5월 이후 채묘로 60일 이상의 묘령으로 건강한 묘 육성
- 5월 25일까지 채묘를 완료하여야 최저 6매엽 이상 확보
- 최대한의 영양생장조건을 조성하면서 꽃눈분화가 잘 되도록 적절한 엽면시비(요소)와 배액 EC 0.7~0.8dS/m이 되도록 배양액 관리
- 양분공급은 6월 15일까지 하여 최대한 자묘를 키움
- 화아분화를 위해 6월 25일부터 차광망 설치 및 6월 15일부터 시비 중단
- 아주심기에 알맞은 우량묘는 묘령은 55~60일 이상, 크라운 직경은 10mm 이상, 엽수 4~5매 정도

육묘기 주요 작업일정

작업(월)	주요 관리요점
모주준비 (2월 상순)	– 모주는 무병묘이며 품종이 확실한 묘 • 육묘후기에 발생한 묘 또는 가을에 새로 발생한 자묘를 이용 – 모주는 휴면이 완전히 타파(5℃이하, 1000시간 이상)된 묘 • 휴면이 깊어 휴면타파를 위해 냉동저장고에서 월동 • 냉동저장묘 꺼내는 시기는 2월 상중순 • 꺼내어 임시심기(아주심기 25일 전)하여 잠재된 감염주 제거를 위해 NADCC 1500배를 100ml/주 공급하여 20~25일 후 생육이 불량한 묘 제거
육묘상 준비 (3월 상순)	– 육묘상 결정 : 고설식 포트육묘 권장 • 고설재배 상토 : 통기성과 보수성이 좋은 상토선택, 모주상토 와 동일한 상토 선택 * 재사용 상토, 연작한 포장은 토양소독 후 사용
모주 아주심기 (3월 중하순)	– 1모주에 40주 자묘생산을 목표로 아주심기 주수 환산 • 고설재배 : 모주 아주심기 간격 20cm 내외(2조식) – 아주심기 시기 : 3월 하순 이전 – 생육초기에 관비용 비료로 관주하여 생육을 촉진 – 점적관수(10cm)로 재배상이 건조하지 않도록 정밀관수 – 병충해 : 탄저병, 시들음병, 작은뿌리파리, 응애방제 철저

육묘기 주요 작업일정

작업(월)	주요 관리요점
모주 및 런너 유인 (4~5월)	– 생육초기에 발생하는 가는 런너, 꽃대, 하엽은 제거 – 겨드랑눈는 1개만 유지하여 관부가 굵고 생육이 왕성하도록 관리 • 1차 하엽제거 후 관부에 약제관주하여 역병방제 – 아주심기 후 시드는 포기는 즉시 제거하고, 새로운 상토로 교환하고 적용약제 관주(탄저병, 시들음병, 역병) • 병 검정후 적용약제는 반드시 발생포장 전포장 살포 – 양액을 충분이 공급하여 모주 생육을 왕성하게 관리 • 20-20-20-2-micro 양액비료, EC 0.7~0.8dS/m – 런너발생이 많아지기 전 포트에 상토를 채워서 배치 • 흰색부직포를 덮어 상토 건조 및 날림 방지 – 4월 상순 이후에 발생한 굵은 런너를 한 방향으로 가지런히 유인하여 자묘로 활용 • 곁눈런너는 제거 – 작은뿌리파리 방제 철저, 황색끈끈이트랩 설치 • 베드아래나 위 또는 식물체 사이 관부주위에 설치 – 병충해방제는 정확한 진단으로 적용약제 방제 철저 • 응애, 진딧물, 작은뿌리파리, 탄저병, 시들음병, 역병 등

육묘기 주요 작업일정

작업(월)	주요 관리요점
자묘유인 포트받기 (5~6월)	- 모주당 8~10개의 런너를 발생시켜 3~4번묘까지 포트받기 - 자묘를 유인하기 전에 상토에 충분히 관수하여 뿌리발근 유도 - 포트받기는 런너에서 2번 자묘가 출현되는 시기에 시작하여 5월 중순까지 마무리하여 묘령을 55~60일 이상 확보 • 자묘의 뿌리가 2~3cm 내외로 발근되도록 관수 공급 - 모주당 40주 자묘를 목표로 이후 발생하는 런너와 꽃대는 모두 제거 - 모주로부터 자묘의 분리는 6월 중순 실시 • 자묘는 뿌리 활착 후 모주로부터 분리가 빠를수록 유리 - 포트받기 완료 후 일시에 관수를 시작하여 비슷한 묘령을 만듬 • 모주는 잎 제거하여 자묘의 통기성과 채광량 확보 • 모주의 양액은 EC 0.7~0.8dS/m 공급
모주 및 자묘관리 (6월)	- 자묘에도 양액(EC 0.7~0.8dS/m)을 공급하여 충실하게 생장하도록 관리 - 차광은 차광망 35~55% 설치 - 자묘 웃자람방지를 위하여 메트코나졸(4,500배) 엽면살포 • 5월 15일경 1회 살포(반드시 충분한 자묘 확보 후 실시) - 5월 하순 이후 모주 잎을 제거하여 통기성 유지 • 모주 양액공급 중단, 자묘 양액공급, 자묘 잎솎기 관리

육묘기 주요 작업일정

작업(월)	주요 관리요점
꽃눈분화 촉진, 탄저병 집중방제 (7월)	– 7월에는 탄저병, 시들음병이 많이 발생하므로 작업 후 반드시 적용 약제를 살포 – 꽃눈분화에 관여하는 요인은 온도, 일장, 엽수, 체내 질소수준으로 아주심기를 위한 꽃눈분화 촉진 유도 – 자묘의 개별분리는 아주심기일 기준 20일전 후(빠를 수록 대묘) – 아주심기일 기준 30~40일 전부터 자묘의 질소수준을 낮추고 인산과 칼리비율을 높여 꽃눈분화 촉진(7월 1일부터) • 질산칼륨 600g+인산칼륨 600g/1톤 7일 간격 3회 공급 • 16-8-24-2+일산칼륨 600g/1톤 7일 간격 3회 공급 – 자묘 엽수를 3매 유지하기 위해 잎솎기하여 관부를 최대한 크게 관리 – 35~55%의 차광을 실시하여 시설 내 온도 낮춤 – 잎솎기 후 탄저병과 시들음병 방제 철저

〈꽃눈분화에 영향을 주는 조건〉

처 리	꽃눈분화 촉진
저온/단일	야간 10~25℃ / 주 8시간/야간 16시간
자묘소질	체내질소↓(C/N율 높게), 인산↑ 칼륨↑
엽수/차광	3매(잎솎기) / 차광 30~55%
묘 령	포트크기에 따라 묘령이 높을수록 양호

아주심기 및 수확기 관리

아주심기 및 수확기 관리

아주심기

아주심기 시기는 7~9월이며, 꽃눈분화 후 아주심기하는 것이 기본 개념이다. '고슬' 품종의 꽃눈분화는 개체마다 일정하지 않고 독립적으로 출뢰한다. 만약 영양생장이 왕성하게 되면 꽃눈이 만들어지지 않으므로 저온단일 및 저질소 처리를 인위적으로 강제로 시켜야 한다. 아주심기묘는 120cm폭에 2조식으로 아주심기할 경우 1,000m^{2}당 8,500~9,000주 정도를 심는다. 수경재배에서는 7,500~8,000주 계산하면 된다. 아주심기시 묘소질은 관부직경 10mm 이상, 엽수는 4~5매, 생체중은 20g 이상의 묘가 좋다. 육묘기에도 시비관리를 철저히 하여 양분부족이 되지 않게 관리한다. 아주심기 간격은 겨드랑눈 발생을 고려하여 포기간격을 18~20cm로 하여 재식한다.

〈배지에 심는 요령 : 통로 쪽으로 약간 비스듬히 심음〉

아주심기 후 관리

가. 아주심기 후 관리

7~8월에 아주심기하면 30℃ 이상의 고온이기 때문에 뿌리활착이 어렵다. 아주심기후 낮에는 하우스 바깥쪽으로 60% 차광망을 설치하고 하우스를 밀폐하며, 밤에는 수막을 가동한다. 하우스내 습도를 95~100‰로 유지하며 2주 전후가 되면 뿌리가 활착되므로 차광망을 제거한다. 아주심기후에는 묘가 시들지 않아야 활착이 빠르다. 야간 수막시설은 9월까지 계속 가동한다. 생육초기에 고온관리는 잎자루와 꽃대의 과대한 신장을 초래하므로 하우스내 주간온도가 30℃이상 되지 않게 관리한다. 관수는 뿌리활착을 촉진시키기 위하여 1일 2~3회 관수해 준다. 지상부 생육이 과도하면 뿌리발달이 나빠지므로 지상부 생육을 억제하여 양분이 뿌리로 이동될 수 있게 차갑게 관리한다. '고슬' 은 개장형으로 겨드랑눈 발생량이 많으므로 아주심기 후 조심스럽게 겨드랑눈 제거에 힘쓴다. 겨드랑눈 제거를 조금 늦게 하여야 하는데 너무 어릴 때 제거하면 심지주가 될 우려가 있다(사진참조). 멀칭은 아주심기 후 1개월 후가 알맞으며 동시에 하엽제거를 해준다. 이때 하엽제거는 2화방 형성에 도움이 되므로 식물체당 완전 전개된 잎 5장을 남기고 하엽제거를 실시한다.

〈'고슬' 은 겨드랑눈 발생이 많음〉

〈2화방 발생없는 심지주〉

육묘기에 발생한 탄저병은 아주심기 후에도 발병하므로 아주심기 직후 탄저병 방제를 실시하고, 하엽제거나 이병주 보식 후에도 반드시 탄저병 방제를 실시한다. 또한 고온기이기 때문에 총채벌레, 응애 등 피해가 많으므로 개화되면 반드시 약제방제를 실시하고, 잎벌레, 거세미나방, 파밤나방 등도 방제를 실시한다. 아주심기 직후 병충해 방제가 제대로 되지 않으면 보온개시 후 발생이 심해져 방제가 어려울 뿐 아니라 품질저하와 수량감소 요인으로 작용한다.

심지주

- 새로운 잎이 나오지 않고 멈춘 것
- 주원인은 육묘기간 중 비료의 중단과 폿트 말리기이며, 강한 단근처리, 지나친 질소 중단 등으로 발생
- 꽃대가 최대 3개까지 발생
- 심지주는 대묘에 발생이 많음
- 육묘후기의 거름부족으로 화아분화가 빠른 묘에 발생
- 아주심기가 늦어지거나 활착이 나빠 초기생육이 나쁜 큰묘에도 발생
- 정화방의 착과수가 많고 포기가 피로해지면 발생
- 아주심기 후에 고온조건인 해에는 신엽의 전개가 빠르고 출뢰가 빠른 포기일수록 런너발생이 강하고 겨드랑눈이 굵고 짧은 런너로 되어 발생
- 액화방은 순조롭게 출뢰하여도 정화방 및 액화방의 착과수가 많은 포기에서, 초세가 강할 때에, 생육을 억제하려고 급히 저온관리로 바꾸거나 하면 심지주가 발생
- 육묘중에는 비절이 되지 않는 시비관리와 아주심기 전에는 약간의 비료를 시용하고 활착을 촉진하여 많은 뿌리를 확보
- 적절한 생육온도 관리와 화방순서에 따른 과일솎기 철저
- 심지주 근처의 포기에서 나온 런너를 이용하여 자묘를 심지주옆에 박음

나. 전등조명처리

딸기재배에서 하우스에 전등조명 목적은 야간작업과 휴면에 들어가지 않게 생육촉진을 위한 경우에 사용된다. '고슬' 은 중일성 품종으로 일장반응은 중간이나 온도가 낮거나 낮길이가 짧아지면 휴면에 돌입하므로 전등조명하여 생육을 촉진시켜야 한다. 따라서 해가 짧아지는 9월 하순부터 전등조명으로 일장시간을 15~16시간이 되도록 조절해주고, 하우스 내 온도가 생육에 적당한 온도 이상 되어야 장일효과가 잘 나타난다.

전등조명 효율을 높이려면 야간온도가 10℃ 이상 높아야 하며 그렇지 못한 경우는 효과가 떨어지므로 야간온도를 10℃ 가까이 올려주고 전등조명 시간을 더 길게 하여야 한다. 전등조명 방법으로는 일장 연장법과 간단 조명법, 암 중단법 등이 있다. 일장 연장법으로는 하우스 온도가 충분하면 해뜨기 전에, 온도가 부족하면 해가 진 후 일장이 15~16시간이 되도록 3~5시간 전등조명하는 것이며, 간단조명법은 1시간에 10~15분씩 조명하여 여러 개의 하우스를 돌아가며 전등조명하므로 전기 인입량을 줄일 수 있다. 한밤중에 2~3시간씩 조명하는 암 중단법은 일장연장법보다 조명시간 단축 및 관리가 편리하다.

전등조명을 하기 위해서는 식물이 밤을 낮으로 인식하는 조도인 20~25룩스이상을 만들어야 하며 식물체 위 1.2~1.5m정도의 높이에 설치하여야 한다. 전등갓을 씌우면 30%의 빛이 증대되며, 백열전구 대신 LED 전구 사용시는 전기료 70~80% 절감할 수 있다. 전등조명시기는 9월 하순의 추분부터 실시하며 전등조명 후에 과번무 현상이 나타날 때는 전등조명를 중단하거나 줄여야 하며 채광량을 늘리도록 노력한다.

전등 조명방법	시간														
	17	18	19	20	21	22	23	24	01	02	03	04	05	06	07
일장연장법		전조(점등)													
광 중단법										전조(점등)					
간헐조명법	일몰	↖ 1시간당 10~20분간 점등													일출

〈전등조명방법별 전등조명 시간〉

일장연장법은 해뜨기 전이나 해진 후에 4~5시간 계속하여 조명하는 방법으로 하루의 총 일장시간이 15~16시간이 되도록 하는 일장연장법이다. 하우스 온도관리가 충분하면 해뜨기 전에 조명하는 것이 유리하지만 조명시간이 길어 전력의 소모가 많고 넓은 면적을 동시에 조명하기 어려운 단점이 있다.

딸기의 전등조명 효과는 국화 등 다른 원예작물에 비해 낮은 조도의 조명에서도 실용성이 높아 백열등을 써서 전등조명할 때 국화의 약반정도면 충분하다.

다. 고온기 냉방시설 준비

7월에 '고슬' 품종을 아주심기한 후 주간에는 차광막이나 쿨네트 설치, 환기팬 작동으로 시설 내 온도를 낮추어야 한다. 야간에는 고온다습으로 작물의 과다한 호흡과 동화물질의 전류대사가 어려워 생리장애를 유발할 수 있으므로 환기와 동시에 수막시설을 가동한다. 이때 1℃만 낮추는데도 많은 노력과 시스템이 필요하다. 수막시설은 시설 내 커튼을 설치하고 커튼과 지붕사이에서 분무하는 방식으로 시설 내 온도를 낮출 수 있다. 원리는 물이 증발하여 기체로 될 때 약 580kcal/ℓ 의 열을 흡수하여 냉각, 시설 내 건조공기가 물입자와 접촉하여 열에너지를 흡수와 즉시 증발하여 동시에 냉각시킨다. 냉방효과는 건구와 습구 온도차가 크고 상대습도가 낮을수록 효과적이다. 수막재배 시 충분한 지하수와 깨끗한 물이 있어야 한다. 수막+파워쿨 사용 베드에는 냉난방 파이프를 설치하고 근권부에 냉랭한 공기를 삽입한다. 또한 더운 날 뿌리가 젖지 않을 정도로 지하수를 식물체에 살포하면 식물의 잎 온도가 낮아지고, 하우스 바닥에 시원한 지하수를 수시로 살포하면 증발열로 인해 하우스 내 온도가 낮아지고 습도는 높아져 광합성이 증가한다.

라. 고온기 과일을 크게 하는 방법

고온기에 대과를 만들기 위해서는 꽃이 커야 하며 적정한 환경조성이 필요하다. 충분한 탄소동화작용을 하고 그 동화산물을 잎이나 뿌리보다 딸기과일에 더 많이 옮길 때 대과가 된다. 탄소동화작용을 많게 하기 위해서는 온도와 빛, 탄산가스, 습도, 환기를 적당히 해야 한다. 가을생산 시 과일크기가 클수록 딸기의 판매단가는 더 높아지게 된다. 대과를 만들기 위해서는 물과 비료도 중요하지만 작물의 생장과 초세를 잘 관리할 때

더욱 과일비대가 좋다. 딸기에서 대과를 생산하기 위해서는

첫째 큰 꽃이 큰 과일을 만든다. 초세 강화와 약간의 영양생장을 조성하는 것이 중요하므로 주간 25℃ 이상의 고온과 야간 8℃ 이하 관리는 초세를 약화시키며 24시간 평균온도를 14℃(겨울 13℃, 여름 15℃)로 관리할 때 꽃과 과일이 커진다.

둘째 꽃솎기가 중요하다. 딸기 꽃이 형성될 때 세포수는 거의 정해지지만 어느 정도 비대는 가능하다. 과일을 따주는 과일솎기는 다른 과일의 크기를 크게 하는 효과가 적다. 그러나 꽃솎기는 목표로 하는 과일의 갯수가 정해졌을 때 꽃을 따주면 분명히 과일은 더 커진다. 한개의 화방에서 실제 꽃솎기를 하지 않은 곳이나 꽃솎기를 한 것이나 과일 전체의 무게는 크게 차이가 나지 않는다고 한다. 꽃솎기(과)는 1화방은 3개, 2화방은 5~7개를 남기고 제거하는 것이 좋다.

세째 탄소동화능력을 키우기 위한 적정 환경관리가 중요하다. 딸기는 24시간 평균온도를 14℃ 전후로 하고 최고온도를 23℃이하로 최저온도를 10℃ 이상으로 관리할 때 생장은 최고조에 달한다. 빛도 어느 정도 장일조건으로 관리하는 것이 초세를 좋게 하며, 이산화탄소 함량을 400~500ppm으로 높이기 위해 토양재배의 경우 거친 유기물을 많이 넣고, 고설재배의 경우 탄산가스를 넣어주면 광합성이 좋아진다. 실내습도를 주간에는 55~75%로 관리하고 야간에는 85~90%로 관리하면 광합성 조건과 근압조건이 좋아지며, 식물이 잘 자라게 하기 위해 실내 잎부분의 온습도를 평준화하고 적당한 증산을 위한 초속 10cm정도의 바람을 만들면 기공을 많이 열게 되므로 30W 유동팬의 설치(14개/동)는 매우 중요하며 산들바람을 위해 환기와 병행하는 것이 좋다.

마. 10월 이후 관리

외부온도가 낮아지는 10월 중하순경에 야간온도가 13℃이하가 되는 시점으로 주간은 하우스내 온도가 25℃ 이상 올라가지 않도록 환기에 힘써야 한다. 또한 야간에는 10℃이하로 내려가지 않도록 식물체의 생육이 왜화되지 않도록 야간 10℃ 전후를 유지해준다.

웃거름은 소량 자주 시비하는 것을 원칙으로 수확기에 동당 비료를 500~800g 내외로 2주 간격으로 관주한다. 온도관리는 10월 중순경에 기온이 떨어지면 딸기가 휴면에 돌입하기 때문에 온도를 높여주어 휴면에 들어가지 않도록 해주는 것이 중요하다. 하우스 보온 및 가온시기는 중부지방에서는 10월 중순경이 되며, 낮에는 열고 밤에는 비닐을 닫는다. 11월 상중순경 밤 온도가 떨어지면 밤낮으로 닫으며 이중비닐을 피복한다. 그 후 온도관리는 낮 25℃, 밤온도는 10℃로 관리하여 과일비대에 힘쓴다.

바. 근권 냉난방

'고슬' 품종을 여름부터 겨울철까지 시설재배하려면 재배기간이 긴 품종이기 때문에 기후 특성상 지상부 생육과 더불어 지하부 생육도 매우 중요하다. 특히 겨울철에는 다수확 안전생산을 위해 온수보일러를 이용한 온수난방과 전기를 이용한 히팅열선의 배치 등 다양하게 근권 난방시스템이 필요하다. 겨울에 딸기 뿌리가 있는 부분인 근권은 지상부보다 더 따뜻한 조건을 조성해줄 때 작물의 생산성은 향상된다. 뿌리는 근권(배지)의 온도가 너무 낮거나 너무 높으면 뿌리의 활력이 떨어지며 양수분의 흡수능력 또한 떨어지게 되므로 적정 근권온도 조성이 중요한데 아주심기 후 7월의 높은 근권온도에서는 뿌리의 호흡속도가 높아져 뿌리의 갈변이 심해져 생육저하를 가져오며, 겨울에는 뿌리의 생장이 약해져 작물의 생육저하를 가져오기 때문이다.

딸기 생육에 알맞은 근권온도는 15~18℃ 정도가 양호하며 재배 시기나 생육단계에 따라 조금씩 다르게 해줄 필요가 있으며 특히 지상부 생육에 따라 지하부의 온도관리를 다르게 하여 생장을 조절해 준다.

지하수를 이용한 근권냉방은 지하수를 이용하여 관부부근에 호스를 관부(크라운)에 접촉시켜 직접 딸기 몸체를 냉방하여 에너지 절감 및 작물생장 도모 및 2가지 효과를 보기도 한다. 적절한 방법은 양수펌프에 의한 강제 순환방식을 택하며 지표(0~3cm 깊이) 난방과 여름철 냉수순환을 하는 근권 냉난방 형태를 갖추는 것이 필요하다.

주요 병충해 방제

가. 탄저병

증상

- 런너와 잎자루에 수침상으로 흑변되며 연육색의 분생자층 형성
- 크라운(관부)에 침입하면 바깥에서 안쪽으로 갈변
- 잎에 검은 반점 형성, 자묘는 시들고 고사

탄저병 병원균(분생포자) 지상부 시듦

잎의 증상 관부 갈변

잎자루와 포복경의 탄저병 병징(순천시농업기술센터 제공)

- **병원균**(*Colletotrichum fracticola*)
  - 고온다습 조건을 선호하며 물에 의한 전염

- **발생생태**
  - 잠재 감염주와 이병잔해물이 1차 전염원이며, 강우나 관수에 의해 포자가 이동하여 2차 전염원이 됨
  - 고온다습(25~30℃, 95%이상)과 장마기인 6월 하순부터 9월 상순 사이에 비가 많이 올 때 빗물에 의해 많이 발생

- **방제방법**
  - 건전한 무병묘를 아주심기
  - 병이 발생하지 않는 깨끗한 육묘환경 조성
  - 물에 의해 전파되기 때문에 비가림 재배와 점적관수 실시
  - 시설내 다습하지 않고 물빠짐이 잘 되게 관리
  - 과다한 질소나 칼리 시비는 금물
  - 고온다습한 시기에 환기 및 약제방제 철저
  - 발생하면 즉시 감염주 제거와 함께 주변 건전한 포기도 병징이 없어도 제거
  - 적용농약은 바꾸어 가며 사용

☞ 적용 약제명 : 매카니, 카브리오에이, 부티나, 다코닐에이스, 사천왕, 오티바, 성보탄저박사 등

나. 흰가루병

증상

- 잎이나 줄기, 과일, 과경, 꽃에 흰가루를 뿌려 놓은 것 같은 증상
- 잎의 뒷면에 회백색의 곰팡이가 발생하며 진전되면 적갈색의 반점 형성

병원균 *(Sphaerotheca humuli)*

- 병원균은 자낭균목에 속하는 곰팡이
- 분생포자의 발아 적온은 17~18℃, 분생포자의 형성적온은 15~18℃
- 살아있는 생물에만 사는 활물기생균이며, 포자는 물에 젖게 되면 부풀어 터져 죽으므로 식물체가 젖어있을 때는 포자발아가 안됨

발생생태

- 주로 노지보다 봄과 가을철 시설 하우스재배에서 많이 발생
- 고온기엔 발생이 감소하며, 일교차가 크고, 식물체 세력이 약할 때 발생
- 배수가 불량하고 연작한 포장에서 피해가 큼
- 포장이 너무 과습하거나 건조할 때 발병률이 높음
- 육묘초기에 발생되어 자묘에 감염되므로 초기방제가 중요
- 뿌리가 상하거나 지하부 환경이 좋지 않아 초세가 약해질 때 발생

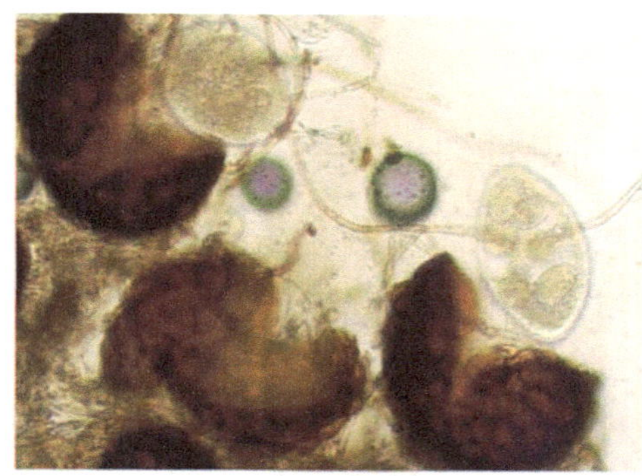

흰가루병 병원균(자낭각과 자낭포자)

잎의 병징　　　　과일의 병징

흰가루병 초기 방제에 따른 면역 반응(순천시농업기술센터 제공)

방제방법

- 초세 강화를 위한 양분관리 철저
- 약제방제도 중요하지만 감염이 되지 않도록 세력을 강하게 키움
- 약제방제 시 내성이 없는 신종 약제 살포

☞ 적용 약제명 : 적토마, 대승, 푸름이, 실버스타, 사천왕, 캐스팅, 아미스타탑, 크네이트, 머큐리슈퍼 등

다. 시들음병

증상

- 새잎이 황록색이 되거나 작아지고 3개의 소엽중 소엽 1개가 작게 되는 짝엽 현상
- 식물체 관부, 잎자루이 일부가 갈변되거나 포기전체 생육불량
- 피해포기의 관부, 잎자루, 과병을 절단해 보면 도관의 일부 또는 전체가 갈색 또는 흑갈색으로 변하고 뿌리는 흑갈색으로 부패
- 수확기에 발생하면 착과수가 적으며 과일비대도 나빠짐

병원균(*Fusarium oxysporum f.sp. fragariae*)

- 토양전염성 병해로 병원균은 토양에 널리 분포
- 병원균은 딸기만 침입하고 대형 또는 소형 분생포자, 후막포자를 형성
- 토양산도가 낮은 포장(산성)에서 잘 발생하며, 지온 17℃ 이상, 기온 27℃ 이상의 고온에 발병

발생생태

- 토양 중에 있는 후막포자가 주 전염원으로 뿌리에 침입하여 발생
- 감염된 모주의 도관 내에 존재하던 균이 런너 줄기를 타고 자묘로 이동하여 전염되며 그 외에 토양이 전염원이 됨
- 발생 시기는 온도가 높아지는 시기에 발생(6월 이후)

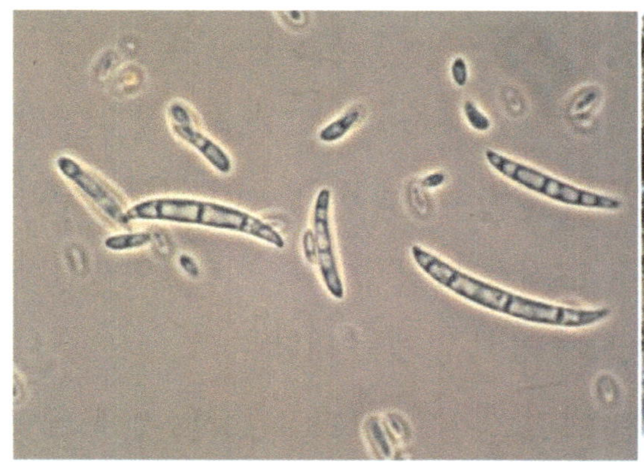
시들음병 병원균(분생포자)

뿌리 흑갈색 부패

지상부 병징(시들음 및 3개 소엽 중 1~2개 작은 황화 잎 형성)

시들음병 관부 병징(순천시농업기술센터 제공)

방제방법

- 건전한 모주를 이용하여 증식
- 건조와 과습의 반복 등으로 뿌리가 상하면 쉽게 발병
- 태양열 소독 또는 담수처리

- 연작을 피하고 병 발생이 심한 토양은 5년 이상 돌려짓기를 함
- 석회 시용으로 토양산도를 높이고(pH 6.5~7.0) 토양선충이나 토양 미소동물에 의해 뿌리가 상처가 나지 않도록 하며, 미숙퇴비 시용을 금하고 토양 내 염류 농도가 높지 않게 주의함
- 4월 하순과 6월 중하순에 발생이 많으므로 발생 전에 예방적으로 적용약제를 토양관주 처리함

☞ 적용 약제명 : 적토마, 대승, 푸름이, 실버스타, 사천왕, 캐스팅, 아미스타탑, 크네이트, 머큐리슈퍼 등

라. 잿빛곰팡이병

증상

- 주로 과일에 발생하나 잎, 꽃잎, 잎자루, 과병 등에 발생함
- 과일에는 작은 수침상의 담갈색 병반으로 나타나고 점차 진전되면 과일이 부패하며, 부패된 과일에는 잿빛의 분생포자로 뒤덮힘
- 잎에는 꽃잎이 떨어져 묻어 있는 부분에서부터 감염이 시작됨
- 과병과 잎자루에는 암갈색 병반이 형성되고 진전되면 줄기가 말라 죽으며, 잿빛의 곰팡이가 밀생함

병원균*(Botrytis cinerea)*

- 불완전균에 속하며, 분생포자는 무색, 타원형 혹은 계란모양, 약간 돌출한 배꼽(hilum)을 가지고 있으며, 크기 6~18×4~11㎛, 균핵은 흑색, 부정형, 길이 3~6mm임

발생생태

- 병원균은 병든 부위에서 균핵 혹은 분생포자의 형태로 월동하여 전염원이 됨
- 시설재배 시 기온이 20℃ 내외이고 습도가 높을 경우 11~3월에 많이 발생
- 화분 매개용 벌의 몸에 부착되어 전염되며, 20℃ 전후의 다습 시 많이 발생하며 봄비나 흐린 날이 계속되면 발병이 심해짐
- 질소질비료의 과용으로 잎이 과번무한 경우나 밀식한 경우에는 환기 불량으로 발생하기 쉬움

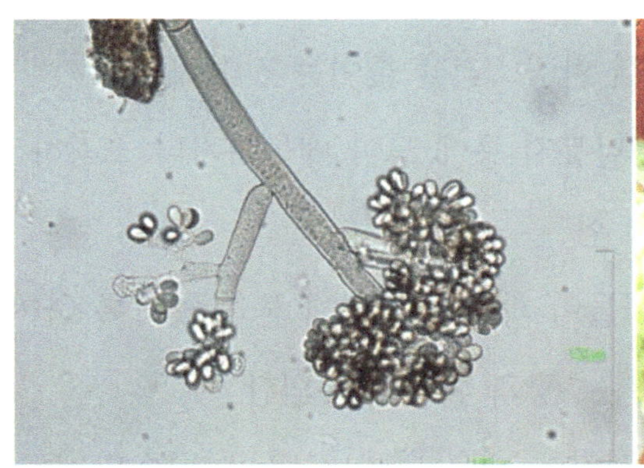
잿빛곰팡이병 병원균(분생포자)

과일의 병징

잎의 병징

과병의 병징(순천시농업기술센터 제공)

- **방제방법**

  - 질소 과용과 밀식을 피하고 과번무 시 잎솎기가 필요하며, 통풍이 잘 되도록 환기 및 유동팬을 24시간 가동하고, 흡습자재(부직포)를 내부에 피복하여 다습한 환경조건을 줄이는 것이 중요함
  - 병든 식물체는 비닐봉지 등에 모아 매몰하거나 소각하고 수확 후에는 포장관리를 철저히 함
  - 꽃잎이나 이병잔사물이 과일이나 잎에 붙지 않도록 하며, 식물체가 너무 웃자라지 않도록 투광과 환기에 유의함
  - 병원균은 포자 형성량이 매우 많아 한번 번지면 방제하기 어려우므로 발생 초기의 집중방제가 중요하며, 약제에 내성이 잘 생기므로 계통이 다른 약제를 교호로 살포하는 것이 좋음
  - 30% 과산화수소수 23cc를 20ℓ의 물에 혼합하거나, 3% 과산화수소수 230cc를 20ℓ의 물에 혼합하여 딸기 수확 전 1주일 간격으로 2회에 걸쳐 살포

  ☞ 적용 약제명 : 모두나, 로브랄, 에스원, 톱신엠, 병모리, 골자비, 사파이어, 코리스, 텔도 등

마. 꽃곰팡이병

증상

- 동절기 1월 상순부터 발생하여 3월에 다발생하고 특히 '설향' 품종의 피해가 심함
- 딸기 꽃의 암술머리에 회색의 곰팡이가 피고 심해지면 꽃받침가지 전체가 흑변하여 마르는 증상을 나타내며, 기형과를 유발하는 피해를 입힘

암술머리 회색 곰팡이

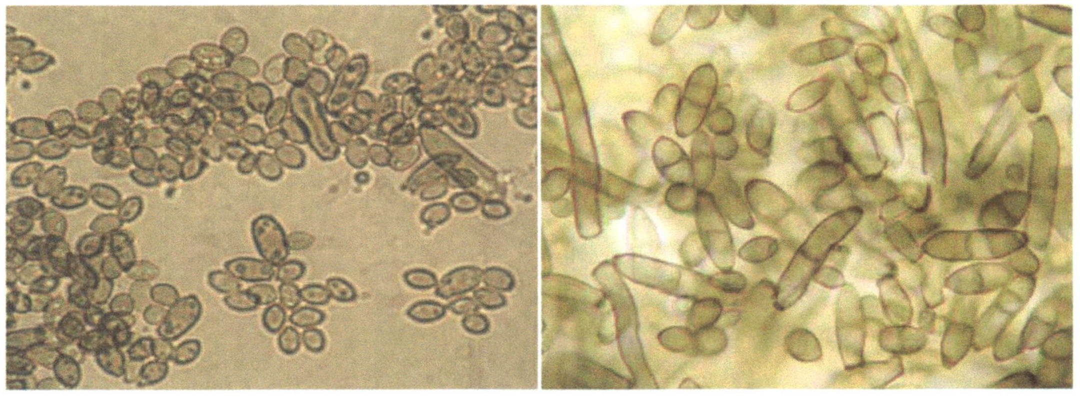

꽃곰팡이병 병원균 분생포자(좌: *C. cladosporioides*, 우 : *C. tenuissimum*)

꽃곰팡이병 피해 증상(순천시농업기술센터 제공)

- **병원균**(*Cladosporium cladosporioides, C. tenuissimum*)
  - 자낭균에 속하며, 분생포자의 크기는 *C. cladosporioides* 3.7~7.5×3.1~5㎛, *C. tenuissimum* 2.5~5.3×2.5~3.8㎛임

- **발생생태**
  - 잿빛곰팡이병이 다발생하는 1~4월에 걸쳐 주로 발생하는데, 특히 주야간의 온도차가 극심한 3월에 가장 피해가 심함
  - 병원균의 균사 생육적온은 20℃의 저온성 병해로 높은 습도나 수분이 많은 환경을 선호함
  - 병원균은 부식성이 강해서 시설 내 식물 잔재물, 토양, 유기물 등에서도 증식이 가능함

방제방법

- 하우스 내 습도가 병 발생에 가장 중요한 요인으로 습도를 낮게 관리함
- 특히 3~4화방이 출뢰하는 시기에 발생이 많으므로 이 시기에 예방적으로 방제를 하며, 등록된 약제가 없으므로 흰가루병 약제를 이용함
- 바람이나 꿀벌에 의해 전파되므로 병이 발생한 꽃은 즉시 제거함

☞ 적용 약제명 : 적토마, 대승, 푸름이, 실버스타, 사천왕, 캐스팅, 아미스타탑, 크네이트, 머큐리슈퍼 등

바. 작은뿌리파리 *(Bradysia agrestis)*

피해증상

- 유충이 작물의 뿌리를 가해하여 뿌리발달이 불량해지고 수분이나 양분 이동을 방해하여 생장이 늦음
- 뿌리나 지제부에 상처를 내면 병원균의 침투가 용이해져 병 발생을 유발시키는 간접적인 피해가 큼

작은뿌리파리 성충

작은뿌리파리 유충

신엽 황변 및 짝잎 증상 잎자루(잎자루) 적색

과병의 병징(순천시농업기술센터 제공)

형태

- 성충의 크기는 1.1~2.4mm이며, 머리는 갈색을 띤 검은색임
- 유충은 몸길이 4mm정도로 머리는 검고 몸은 투명하여 섭식한 먹이가 보임

발생생태

- 성충은 온실 내에서 4월 중순에 증가하고 5월 하순에 가장 많음
- 봄 20~25℃ 조건의 시설하우스에서 발생하였다가 여름에 발생 감소
- 알에서 성충까지의 기간은 약 4주이며, 알에서 번데기 단계까지 발육에 필요한 시간은 온도에 따라 차이가 심해 25℃에서는 3주일인 반면 10℃ 저온에서는 약 3개월까지 걸림
- 암컷 성충은 2~10개의 난괴로 모두 100~300개를 낳으며, 알은 4~6일 내에 부화하여 유충 기간 12~14일, 번데기 기간 5~6일을 지낸 후 성충으로 우화하며, 성충의 수명은 약 7~10일 가량임
- 어둡고 습하며, 잡초가 많은 시설환경에서 많이 발생하며, 특히 유충은 햇빛을 기피하고 수분이 많은 곳을 선호하는 특성이 있음

방제방법

- 딸기재배 및 육묘포장의 주변환경 관리 철저
- 퇴비더미 등에서 서식하다 온실로 이동하므로 주위환경을 청결히 하고 미숙 퇴비를 사용했을 경우 발생이 많으므로 완숙퇴비를 사용함
- 황색끈끈이트랩이나 감자절편을 이용하여 예찰하고 발생초기에 적용약제를 이용하여 10일 간격으로 2~3회 뿌리 주변에 관주하여 방제함

☞ 적용 약제명 : 섹큐어, 팬텀, 천하무적, 노몰트, 천하평정, 아타라, 빗장 등

사. 점박이응애(*Tetranychus urticae*)

- **피해증상**

  - 잎 뒷면에서 세포 내용물을 빨아먹으므로 잎 표면에 작은 흰 반점이 무더기로 나타나고 심하면 잎이 말라 죽음
  - 작은 반점은 초기에는 연녹색으로 변색되다가 점차 황색~갈색으로 변하고 심하면 낙엽이 짐
  - 밀도가 높아지면 상부로 올라와 피해를 주며, 피해 부위에 거미줄을 침

- **형태**

  - 성충은 암컷 0.4mm, 수컷 0.3mm 내외로 여름형 암컷은 담황색 내지 황녹색으로 몸통의 좌우에 검은 무늬가 있는데 이것은 위 속에 있는 내용물에 의한 것으로 먹이에 따라 변화하고 휴면중인 암컷은 황적색으로 검은 무늬가 없으며, 다리는 거의 흰색에 가까움
  - 점박이응애붙이와 차응애와 구별하기 어려운데, 점박이응애붙이는 어두운 황갈색으로 다리의 끝부분이 연한 황적색으로 보이고 차응애는 붉은 빛을 띤 초코렛색으로 앞다리의 선단부에 연한 황적색이 감돌며, 휴면암컷은 붉은색임

점박이응애 성충(좌 : 여름형, 우 : 월동형)

잎의 반점과 변색

잎의 황변과 고사(순천시농업기술센터 제공)

발생생태

- 온도가 높은 시설재배 작물에서 발생이 많고 추운 지방에서는 연 9회, 따뜻한 지방에서는 10~11회 발생하고 성충으로 월동하나 시설작물에서는 가온하고 야간 조명을 하면 휴면하지 않음
- 월동한 성충은 처음에는 잡초에서 번식하다가 작물이 생육함에 따라 작물로 이동하고 잎의 표면과 뒷면 모두 가해하나 주로 잎 뒷면에서 서식함
- 발육 시작온도는 9℃ 전후이고 발육적온은 20~28℃, 최적습도는 50~80%, 25℃에서 알에서 성충까지 10일 소요되나 좋은 조건에서는 급속히 증가함

방제방법

- 피해가 없는 깨끗한 묘를 아주심기하고 아주심기 후 철저히 방제
- 수확 후 잔재물을 제거하여 소각 또는 매몰
- 딸기포장 주변에 서식하는 기주 잡초를 제거
- 피해가 심한 늙은 하엽을 제거하고 제거한 잎은 하우스 밖으로 버림
- 응애류는 대부분 잎 뒷면에 기생하기 때문에 약제를 잎 뒷면까지 충분히 묻도록 살포
- 점박이응애 발생지점에 물을 뿌려주면 발생이 억제됨
- 한 잎당 2~3마리 발생 시 약제를 살포하는 것이 효과가 높고 약제저항성이 쉽게 발달하므로 계통이 다른 약제를 사용함

☞ 적용 약제명 : 살비왕, 레이서, 올스타, 렘페이지, 볼리암타고, 스트라이크, 파워샷, 밀베노크 등

아. 목화진딧물*(Aphis gossypii)*

피해증상

- 연중 발생하며 주로 개화기 이후에 문제가 되고 7~10월 사이에 방제를 소홀히 하면 수확기에 화방을 중심으로 생육을 지연시키고 잎의 전개가 불량해짐
- 직접적인 흡즙 이외에 각종 바이러스병을 매개하며, 배설물로 인해 잎 표면과 과일 표면에 그을음병을 유발하여 광합성을 저해하고 상품가치를 떨어뜨림

목화진딧물 성충과 약충(몸색이 다양함)

잎의 황변과 고사(순천시농업기술센터 제공)

- 형태

- 유시충의 크기는 1.4mm이며, 몸색은 계절에 따라 변화가 심하여 봄에는 녹색계통이 대부분이지만 여름에는 황색 또는 황갈색, 가을에는 갈색 또는 흑갈색을 띰
- 무시충의 크기는 1.5mm로 몸색은 계절에 따라 녹황색, 흑록색 또는 검은 빛깔을 띰

- 발생생태

- 추운 곳에서는 알로 월동, 따뜻한 곳에서는 날개가 없는 무시형 암컷으로 월동
- 무궁화, 석류나무 등의 겨울눈이나 겉껍질에서 월동한 알은 4월 상중순경 간모로 부화하여 단위생식으로 2~3세대 무시태생 성충기를 지냄

- 5월 상 · 중순경에 날개가 있는 유시형이 되어 여름기주로 분산하여 이주하며, 작물에서 10여 세대를 단위생식으로 번식하는데, 7~8월의 한여름에는 밀도가 줄지만 9월부터 다시 번식이 왕성해지고 10월 상중순에 겨울기주로 이동하여 산란성 암컷과 수컷이 나타나 교미한 후 산란함
- 무시형 암컷으로 월동한 경우에는 3월 상중순경에 증식을 시작하고 4월 중하순에 분산 이주하며, 10월 중하순에 유시태생 암컷과 수컷이 출현하여 주기주인 무궁화나무로 이동하여 겨울눈 밑부분에서 산란함
- 연 6~22세대 발생하며, 한세대 발육기간은 약 8일, 생식기간은 19일, 수명은 약 29일 정도이고 암컷은 70마리 정도의 새끼를 낳음

방제방법

- 시설재배 시 방충망(1mm이하) 설치로 외부에서 날아 오는 진딧물을 차단
- 하우스 주변의 잡초를 제거
- 발생되면 계통이 다른 약제를 잎 뒷면과 새싹을 중심으로 살포
- 황색점착 트랩을 이용해서 조기에 발견하고 방제

☞ 적용 약제명 : 트랜스폼, 힘센, 천하무적, 모스피란, 천하평정, 스트레이트, 테라피, 더블포인트, 칼립소 등

자. 대만총채벌레(*Frankliniella intonsa*)

- **피해증상**
  - 약충과 성충이 가해하는데, 잎에 피해를 받게 되면 초기에는 엽맥 사이에 작은 흰색반점이 생기나 점차 갈색으로 변함
  - 개화기에 성충이 꽃에 기생하다가 착과하면 어린 과일을 가해하여 과일 표면이 갈색으로 변색됨
- **형태**
  - 암컷성충의 크기는 1.3~1.7mm에 갈색 또는 암갈색으로 변이가 크며, 다른 총채벌레에 비해 어둡게 보임
  - 수컷성충의 크기는 1~1.2mm로 암컷과 유사하지만 암컷보다 작고 밝은 황색을 띰

총채벌레 성충　　총채벌레 약충

꽃받침 피해

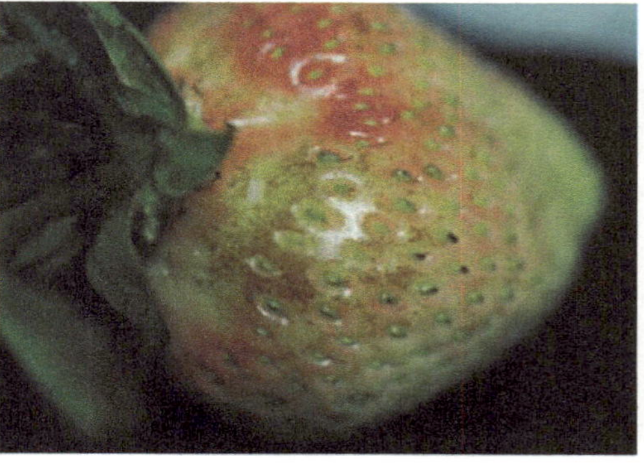

과일 피해

미숙과(좌 : 정상, 우 : 피해) 성숙과(좌 : 정상, 우 : 피해) 순천시농업기술센터 제공

발생생태

- 오이총채벌레와 비슷하게 성충은 식물조직에 산란하고 부화한 약충은 2령을 경과한 후 땅속에서 제1, 제 2번데기 기간을 거쳐 성충으로 우화함
- 알에서 우화까지 기간은 약 18일(25℃), 성충 수명은 60일(20℃) 정도로 오이총채벌레보다 오히려 길며, 암컷 한 마리당 산란수는 500개로 많아 번식력이 뛰어남
- 오이총채벌레와 혼재하여 발생하는 경우가 많으나 밀도가 높아질수록 한 종이 우점하는 경향임

방제방법

- 꽃과 과일에 피해가 나타나면 방제시기가 늦어지므로 일찍 총채벌레의 발생을 발견하여 발생 초기에 방제해야 함
- 상습발생지에서는 3~4월부터 꽃과 꽃봉오리를 확대경으로 잘 관찰하여 성충과 약충이 발견되면 방제 전용약제를 살포하여 방제

- 시설재배지 내와 주변에 잡초를 제거하고 토양소독 실시
- 포식성 천적으로 미끌애꽃노린재를 3월 중순 m^2당 0.75마리 방사하여 방제
- 난황유와 식물추출물(님, 고삼)을 혼용처리하면 피해를 줄일 수 있음
- 식물체 조직 속의 알과 토양 속의 번데기를 동시에 방제하기 어렵기 때문에 발생초기에 5~7일 간격으로 2~3회 방제

☞ 적용 약제명 : 델리게이트, 팬텀, 제왕, 신나고, 볼리암타고, 스트라이크 등

차. 담배거세미나방(*Spadoptra Litura*)

피해증상

- 알에서 갓 깨어난 후 2령 유충이 될 때까지 주로 잎 뒷면에 무리를 지어 잎줄기만 남기고 잎살을 갉아 먹음
- 3령 이후 유충은 분산하여 잎 뒷면 또는 흙덩이 사이에 몸을 숨기고 산발적으로 흩어져 잎을 가해함

담배거세미나방 성충

담배거세미나방 유충

난 괴

꽃대 가해

담배거세미나방 잎의 피해 증상(순천시농업기술센터 제공)

- **형태**

  - 성충의 앞날개는 갈색 또는 회갈색으로 매우 복잡한 무늬가 있고 뒷날개는 회백색이고 투명하며, 가장자리는 회색이고 종종 시맥이 짙은 색을 띠고 몸길이는 15~20mm, 날개를 편 길이는 30~38mm임
  - 유충의 몸 색깔은 흑갈색~회색까지 다양하고 앞가슴을 제외한 각 등면 양쪽에 두 개의 검은 반달점이 있고 복부 첫째 마디와 여덟째 마디의 것은 다른 것 보다 크며, 등면을 따라 길게 나 있는 밝은 노란 띠가 있는 것이 특징이고 다자란 유충은 40~45mm임

- **발생생태**

  - 시설에서는 연중 발생하고 연 5세대를 경과하는 것으로 추정됨
  - 성충 발생 최성기는 5월 상순, 6월 중하순, 7월 하순, 8월 하순, 9월 하순으로 우화 후 2~5일 동안 1,000~2,000개의 알을 100~300개의 난괴로 잎 뒷면에 산란함
  - 알 기간은 7일, 유충(1~6령) 13일, 번데기 10~13일, 성충의 수명은 10~15일

- **방제방법**

  - 피해잎은 따서 제거, 아주심기 전과 후 10월까지 철저히 방제
  - 성충이 많이 보이는 때로부터 7~10일 후에 방제를 하는데 중점방제 시기는 제4세대가 발생하기 전인 8월 상중순임

- 농약에 저항성이 잘 생겨 방제하기 쉽지 않은 해충이며 비교적 1~2령의 어린 유충기간에는 방제효과가 높으나 3령 이후의 큰 유충이 되면 방제효과가 떨어짐
- 교미교란용 성페로몬을 이용하여 방제하기도 함
- 매우 잡식성으로 잡초도 잘 먹으므로 주변 잡초를 제거함

☞ 적용 약제명 : 제왕, 한창 등

수확관리

딸기는 개화하여 수정이 이루어진 후 과일을 수확하기까지는 적산온도에 의하여 결정되며, 현재 재배되고 있는 '고슬' 품종의 경우 약 650시간의 적산온도가 필요하다. 따라서 딸기의 성숙은 시기별로 차이가 있는데 9월 수확은 대략 25일, 10월 수확은 대략 30일, 11월 수확은 대략 35일, 12월 수확은 40~45일, 1월 중순 수확은 55~60일 정도가 소요된다. 겨울철에는 과일이 단단하여 수확 시 과일의 물러짐이 거의 없으며 70% 착색 즉 과일이 완전하게 성숙하지 않아도 당이 올라가 맛있는 과일을 수확할 수 있다. '고슬' 품종은 당도가 높고 신맛이 약간 있으며 특유의 풍부한 딸기향이 있다.

〈좌 : '고슬', 우 : '매향'〉

〈좌 : '설향', 우 : '고슬'〉

'고슬' 품종은 저온기에도 수술수가 많고 화분대 길이가 길고 화분량이 많아 쉽게 수정이 잘 이루어져 특별한 사유가 없는 한 정상과가 착과된다.

가. 수확시 과일을 최대한 부드럽게 다루어 상처가 나지 않도록 한다.

나. 과일 온도가 올라가기 전에 수확을 마친다. 과일 온도가 올라가면 육질이 약해지므로 수확작업에서 손상을 받기 쉽다.

다. 수확할 때 적숙기에 도달한 과일은 철저하게 수확하고 과일 성숙이 빠른 시기에는 수확 간격을 단축하여 과숙한 과일을 수확하지 않도록 주의한다. 적숙기에 도달한 과일을 수확하지 않고 다음 수확기까지 두면 과숙하여 상품가치를 상실하게 되고 이러한 과일이 정상적인 과일 상자에 혼입되면 건전한 과일까지 부패하기 쉽다.

라. 수확기 사이에 부패한 과일과 과숙하여 부패의 우려가 큰 과일은 미리 제거한다. 이러한 과일이 정상적인 과일과 섞여 있으면 전체적인 품질이 낮아지는 결과를 빚는다.

마. 병든 과일과 건전한 과일은 같은 수확 용기에 담지 말아야 한다. 병든 과일과 건전한 과일을 함께 수확하여 담는 경우에는 병든 과일에 감염되어 있는 부패균이 건전한 과일에 전파되어 수송 또는 판매 중 부패를 증가시키는 원인이 되기 때문이다.

바. 수확 용기에 지나치게 과일을 많이 담지 말아야 한다. 수확 용기에 너무 많은 과일을 담으면 아래쪽의 과일은 손상을 받을 우려가 매우 높다. 또한 수확 용기는 지나치게 깊지 않은 것을 이용하고 청결하게 관리한다.

사. 착색된 과일의 중앙 부위는 손쉽게 물러지기 때문에 가급적 손을 대지 않는다. 딸기를 엄지와 검지 사이에 넣고 가볍게 당겨 수확하면 상처를 최소화할 수 있다.

수확기 주요 작업일정

작업(월)	주요 관리요점
아주심기준비 (6~7월)	– 토경재배 토양소독(6~7월중) : 태양열소독 • 토양에 수분(30%)을 공급하고 투명비닐로 바닥을 피복하여 20일 이상 밀폐 (토심 20cm, 65℃이상 10분) • 주의 : 양액기, 정밀기기 등 고온피해 받지 않도록 관리 – 수경재배 배지 소독(아주심기 최소 30일전 완료) • 태양열(토양소독과 동일) : 고온에 의한 베드 변형 주의 • 알코올 소독 : 투명비닐로 베드를 밀폐하고 1% 알코올로 담수 상태로 20일간 처리 • 약제소독 : 메탐소듐액제(아주심기 4주전 토양관주 처리) • 소독완료 후 지하수 관수하여 적정 EC와 pH설정 – 토경재배 • 토양검정 후 필요한 양분만 공급(기비, 웃거름로 나누어 공급) • 두둑 : 폭 110~120cm, 높이 30~40cm (토양수분 20~30% 유지) – 수경재배 • 배지의 종류, 밀도, 보수성을 고려하여 적정 양액 선택 : 화란 PBG액 • 새배지는 아주심기 2~3주전에 지하수를 공급하여 충분히 포습한 후 아주심기전 배액의 EC 1.0dS/m, pH 5.5~6.5 범위로 설정 – 아주심기묘 준비 • 자묘는 건전묘로 3~4매 전개엽, 관부직경 10mm전후 • 묘령은 55~60일 자묘

수확기 주요 작업일정

작업(월)	주요 관리요점
본포 아주심기 (7.25)	– 현미경으로 화아분화를 확인한 후 아주심기 시기 결정 – 아주심기 시기 : 포트묘, 차근묘(7.25) – 아주심기 간격은 18~20cm, 2조식 식재 후 충분히 관수공급 • 육묘상토가 보이지 않도록 자묘의 관부가 절반이상 묻히도록 식재(수경재배는 토경보다 약간 더 깊이 식재) – 포장조건에 따라서 관수 점적기 선택(10, 15, 20cm) – 아주심기 당일 반드시 탄저병과 시들음병 약제를 조루로 관주하고 밀폐(1~2주) – 반드시 차광망 60% 설치로 고온 피해 방지 – 야간엔 수막시설 가동
본포관리 (7.25~9.30)	– 뿌리활착 촉진을 위해 관수는 2~3회 공급 • 관부를 촉촉하게 유지하여 새로운 뿌리발달과 세근 발달 촉진 – 활착 이루어지면 관수횟수를 줄여 뿌리가 깊게 뻗도록 유도 – 아주심기 후 활착을 위해 신엽이 3매 이상 전개될 때까지 잎솎기를 하지 않음 – 멀칭은 아주심기 후 30일 후 잎솎기 후 실시(토양온도 높지 않게 관리) • 멀칭 3일전 관수를 금하고 신엽이 부러지지 않게 멀칭 작업 – 보온개시기까지 엽을 5매 정도 유지하여 2화방 분화촉진 – 아주심기 후 뿌리 활착촉진을 위해 2주간 차광하여 하우스내 온도를 내려줌 – 첫 웃거름는 1화방 출뢰와 동시 실시하여 화수 증가 유도 – 탄저병은 묘 감염의 위험을 고려하여 활착 후 방제 실시 – 겨드랑눈을 조심스럽게 제거(심지주가 됨)

수확기 주요 작업일정

<table>
<tr><th>작업(월)</th><th>주요 관리요점</th></tr>
<tr><td>온도관리
(7~10월)</td><td>- 주간온도는 23℃가 넘지 않도록 관리
- 야간온도는 10℃가 내려가지 않도록 관리
<table><tr><th>생육단계</th><th>주 간</th><th>야 간</th></tr><tr><td>아주심기직후</td><td>30℃ 이하</td><td>20℃ 이하</td></tr><tr><td>개화기</td><td>28℃ 이하</td><td>18℃ 이하</td></tr><tr><td>과일비대기</td><td>25℃ 이하</td><td>15℃ 이하</td></tr><tr><td>수확기</td><td>20~23℃</td><td>10℃ 이상</td></tr></table></td></tr>
<tr><td>초세관리
(10~12월)</td><td>- 초기 발생 겨드랑눈은 모두 제거하고 1화방 후 1개 부착
- 10월 중순이후는 6매 이상이라도 젊은 잎은 그대로 둠
- N-P-K(16-8-24)비료를 동당 600~800g을 2주 간격 웃거름을 공급하여 초세 유지(초장 25~30cm)
- 개화기까지 충분히 관수공급 습도 70~90%</td></tr>
<tr><td>개화관리
(9~12월)</td><td>- 벌은 1화방당 2번꽃 40%이상 개화시점(딸기 식물체 높이로) 벌통 설치
• 벌통은 남북방향(북→남), 동서방향(동→서)설치
- 병충해는 개화 전에 철저히 방제(응애, 총채벌레 등)
- 과일솎기는 1화방은 3개, 2화방은 5~7개 유지
- 개화기 꽃곰팡이병, 잿빛곰팡이병 예방적 방제(오후 3시 이후)
- 개화기 상대습도는 주간 40~50% 유지(개약과 화분발아 촉진)</td></tr>
</table>

수확기 주요 작업일정

작업(월)	주요 관리요점
수확기 (10~12월)	– 1~2화방 수확시기에 충분한 엽수와 엽면적 확보 필요 • 늙은 잎과 병든 잎을 제외한 잎은 따내지 말 것 – 1화방에 3개 이상 착과 금지로 세력저하 방지 • 포기 상태에 따라 과일솎기 및 꽃솎기 – 전등조명은 14시간 이상, 밝기 20~100Lux – 온도 : 야간온도 8℃, 주간온도 최대 24~28℃유지 – 저온기(1월)의 잿빛곰팡이병과 꽃곰팡이병 방제 철저 • 꽃곰팡이병 발생시 불수정에 의한 기형과 70%이상 발생 – 적기 수확과 하우스 내 과습방지(과일의 저장 향상) • 저온기 숙도(90%), 3월 이후 숙도(80%) 수확 • 과일내부 온도가 올라가기 전 수확 완료 – 고온기 하우스 외피차광으로 숙기 지연(4월 이후) – 병충해방제는 PLS규정을 반드시 준수하여 실시 – 수출재배는 「수출딸기 대상국별 농약안전사용 가이드」기준을 반드시 준수

참고자료

딸기 병충해 방제용 작물보호제 목록(2019년)

딸기 작물보호제 분류표 및 피해사례

딸기 적용 작물보호제 작용기작별 분류

참고자료

딸기 병충해 방제용 작물보호제 목록(2019년)

적용병충해	품 목 명	제품명
꽃곰팡이병	디페노코나졸, 피리벤카브 액상수화제	차단
	사이플루페나미드, 헥사코나졸 액상수화제	힌트
눈 마 름 병	티플루자마이드 액상수화제	장타
	펜뷰코나졸, 티플루자마이드 액상수화제	금수레
	펜사이큐론 액상수화제	갈무리
	펜사이큐론 액상수화제	농프로
	펜사이큐론 액상수화제	몬세렌
	플루디옥소닐 액상수화제	애니팡
	플루디옥소닐 액상수화제	사파이어
	플루톨라닐 유제	몬카트
세 균 모 무 늬 병	가스가마이신 입상수화제	메가폰
	발리다마이신에이 액제	하이바리신, 동방바리문, 경농바리신, 상승세, 리치문, 다물군, 팜한농바리신, 바리문, 발래오, 성보바리문, 올풍, 문스타
	옥솔린산 입상수화제	비천무, 배차엔진품, 명품탄
	옥솔린산, 스트렙토마이신 수화제	아무러
	옥시테트라사이클린칼슘알킬트리메틸암모늄 수화제	성보싸이클린
	옥시테트라사이클린칼슘알킬트리메틸암모늄, 스트렙토마이신황산염 수화제	아그리마이신
	트리베이식코퍼설페이트 액상수화제	새빈나
시 들 음 병	다조멧 입제	밧사미드
	에트리디아졸, 티오파네이트메틸 수화제	가지란, 코사이드, 쿠퍼코사이드, 대유쿠퍼, 영일쿠퍼, 경농쿠퍼, 동방쿠퍼
	코퍼하이드록사이드 입상수화제	고운손
	프로클로라즈망가니즈 수화제	스포르곤
	플룩사피록사드, 피라클로스트로빈액상수화제	미리본
	메탐소듐 액제	쏘일킹, 투킬
역 병	만디프로파미드 액상수화제	래버스
	벤티아발리카브아이소프로필 입상수화제	베지크린
	벤티아발리카브아이소프로필, 클로로탈로닐 액상수화제	차무로
	사이아조파미드 액상수화제	미리카트
	피카뷰트라족스 액상수화제	퀸텍
	피카뷰트라족스 입상수화제	이슬탄
역 병 (육 묘 상)	아메톡트라딘, 디메토모르프 액상수화제	젬프로
	아미설브롬, 사이목사닐 입상수화제	커튼

딸기 병충해 방제용 작물보호제 목록(2019년)

적용병충해	품 목 명	제품명
잿빛곰팡이병	디에토펜카브, 티오파네이트메틸 수화제	골자비
	디페노코나졸, 피리벤카브 액상수화제	차단
	메파니피림 수화제	팡파르
	바실루스서브틸리스엠비아이600 수화제	마지트
	바실루스서브틸리스케이비시1010 수화제	재노탄
	바실루스서브틸리스큐에스티713 수화제	세레나데맥스
	바실루스서브틸리스큐에스티713 액상수화제	세레나데아소
	보스칼리드 입상수화제	후광, 칸투스
	보스칼리드 정제상수화제	새로탄
	보스칼리드, 크레속심메틸 액상수화제	가이드,코리스
	보스칼리드, 트리플루미졸 수화제	병모리
	보스칼리드, 플루디옥소닐 액상수화제	에스원
	보스칼리드, 피라클로스트로빈 유현탁제	벨리스
	블라드 액제	프렉쳐
	사이프로디닐, 플루디옥소닐 입상수화제	스위치
	심플리실리움라멜리콜라비씨피 수화제	아크레
	아이소페타미드 액상수화제	크리올
	아족시스트로빈, 플루디옥소닐 수화제	션샤인
	아족시스트로빈, 플루디옥소닐 액상수화제	참누리
	이미녹타딘트리스알베실레이트 액상수화제	탤런트,부티나
	이미녹타딘트리스알베실레이트, 티오파네이트메틸 수화제	만능타
	이미녹타딘트리스알베실레이트, 피리벤카브 수화제	캡션
	이프로디온 수화제	새노브란,균사리,살균왕, 균프로,인바이오이프로, 명작수,잿빛곰팡이마름뚝,로브랄,로데오
	이프로디온 액상수화제	로브랄
	이프로디온, 티오파네이트메틸 수화제	다스린
	카벤다짐 수화제	카벤디온,동방가벤다,해마지, 월드천,영일가벤다,샤크,아그로텍가번다, 삼공가벤다,성보가벤다,가벤다
	카벤다짐, 디에토펜카브 수화제	깨끄탄
	카벤다짐, 메파니피림 액상수화제	늘존
	캡탄 정제상수화제	모두나
	트리플루미졸 유제	큰 댁
	티오파네이트메틸 수화제	샹그리라,균지기,아리지오판,치호톱,동방지오판,지오판,청양단,톱신엠,성보지오판,삼공지오판,과채탄,하이지오판,팜한농지오판,지오판엠
	펜티오피라드 유제	크린캡
	펜피라자민 액상수화제	보트리사이드
	펜피라자민 입상수화제	펜피라
	펜헥사미드 수화제	텔도

◉ 딸기 병충해 방제용 작물보호제 목록(2019년)

적용병충해	품 목 명	제품명
잿빛곰팡이병	펜헥사미드 액상수화제	텔도
	펜헥사미드, 이미녹타딘트리스알베실레이트 수화제	균모리
	펜헥사미드, 프로클로라즈망가니즈 수화제	금모아
	폴펫 수화제	경농홀펫,삼공홀펫
	프로사이미돈 과립훈연제	스미렉스,이비엠잿사이트,팡이큐
	프로사이미돈 미분제	스미렉스
	프로사이미돈 수화제	스미렉스,팡이탄,영일프로파,너도사,팡자비,프로팡,초그만,팡청소,사이미돈,인바이오프로파
	프로사이미돈, 디에토펜카브 과립훈연제	임페리얼
	프로사이미돈, 디에토펜카브 수화제	임페리얼
	프로클로라즈망가니즈 수화제	스포르곤,머니업
	플루디옥소닐 과립훈연제	해드림,사파이어,잿빛탄
	플루디옥소닐 분산성액제	슈퍼사이드
	플루디옥소닐 액상수화제	해드림골드,청풍명월,뜨래조아,사파이어,앤티팡,잿비세,엘도라도,이레이져,애니팡,팡이별,샤이나,효자촌
	플루디옥소닐 입상수화제	모하비,테이크업
	플루디옥소닐, 아이소페타미드 액상수화제	에프원
	플루디옥소닐, 이프로디온 과립훈연제	피어나
	플루디옥소닐, 펜티오피라드 액상수화제	더블플레이
	플루오피람 액상수화제	머큐리
	플루퀸코나졸, 피리메타닐 액상수화제	금모리
	플룩사피록사드 과립훈연제	젬머
	플룩사피록사드 액상수화제	카디스
	플룩사피록사드, 메트라페논 액상수화제	블루오션
	플룩사피록사드, 피라클로스트로빈 액상수화제	미리본
	피라지플루미드 액상수화제	속시원
	피리메타닐 액상수화제	미토스
탄저병	디페노코나졸 입상수화제	보가드
	아족시스트로빈 액상수화제	오티바,미라도,균메카,오티바,아젠포스,폴리비전,다승왕,아너스
	아족시스트로빈, 테부코나졸 액상수화제	커스토디아
	이미녹타딘트리스알베실레이트, 피리벤카브 수화제	캡션
	캡탄 입상수화제	머판
	클로로탈로닐, 디페노코나졸 액상수화제	단단
	클로로탈로닐 액상수화제	다코닐에이스
	펜헥사미드, 프로클로라즈망가니즈 수화제	금모아
	프로클로라즈망가니즈 수화제	머니업,스포르곤
	프로클로라즈망가니즈, 테부코나졸 수화제	사천왕
	플루퀸코나졸, 프로클로라즈망가니즈 수화제	성보탄저박사
	피라클로스트로빈 액상수화제	프로키온
	피라클로스트로빈 유제	카브리오

딸기 병충해 방제용 작물보호제 목록(2019년)

적용병충해	품 목 명	제품명
탄 저 병	피라클로스트로빈 입상수화제	카브리오에이
	피라클로스트로빈, 테부코나졸 액상수화제	포르투나
	피콕시스트로빈 입상수화제	수퍼킥
탄 저 병 (육묘상)	디페노코나졸 입상수화제	내비균
	디페노코나졸, 플루아지남 수화제	바이블
	보스칼리드, 피라클로스트로빈 액상수화제	벨리스에스
	아족시스트로빈, 테부코나졸 액상수화제	커스토디아
	이미녹타딘트리스알베실레이트 액상수화제	부티나
	이프로디온, 트리플록시스트로빈 입상수화제	찬찬
	이프로디온, 프로클로라즈망가니즈 수화제	로브곤
	캡탄 수화제	팜한농캡탄
	플루실라졸, 크레속심메틸 액상수화제	귀품
	플루퀸코나졸, 트리플록시스트로빈 액상수화제	듬지칸,미리본
흰 가 루 병	디티아논, 피라클로스트로빈 유현탁제	매카니
	디메토모르프, 피라클로스트로빈 액상수화제	캐스팅
	디비이디시 유제	산요루
	디페노코나졸 액상수화제	아이템,푸름이,매직덴트,로티플
	디페노코나졸 입상수화제	보가드
	디페노코나졸, 메트라페논 액상수화제	백마탄
	디페노코나졸, 티오파네이트메틸 액상수화제	포커스
	디페노코나졸, 피리오페논 액상수화제	옵션
	메트라페논 액상수화제	비반도,살림꾼
	메파니피림, 마이클로뷰타닐 액상수화제	탐스론
	멥틸디노캅 유탁제	해모아
	바실루스서브틸리스디비비1501 수화제	테라스
	바실루스서브틸리스엠비아이600 수화제	마지트
	보스칼리드 입상수화제	칸투스
	보스칼리드, 메트라페논 액상수화제	원투원
	보스칼리드, 메트라페논 입상수화제	위트니스
	보스칼리드, 피라클로스트로빈 액상수화제	벨리스에스
	보스칼리드, 피라클로스트로빈 입상수화제	벨리스플러스
	보스칼리드, 피리오페논 액상수화제	피리오
	사이프로디닐, 플루디옥소닐 입상수화제	스위치
	사이플루페나미드, 디페노코나졸 액상수화제	월계수
	사이플루페나미드, 시메코나졸 유현탁제	북극성
	사이플루페나미드, 트리플루미졸 유제	실버스타
	사이플루페나미드, 헥사코나졸 액상수화제	힌트
	시메코나졸 수화제	디펜더
	아이소피라잠 유제	올타쿠나,새나리
	아족시스트로빈, 디메토모르프 입상수화제	라보트
	아족시스트로빈, 디메토모르프 입상수화제	라보트
	아족시스트로빈, 디페노코나졸 액상수화제	세이브팜,아미스타탑

◉ 딸기 병충해 방제용 작물보호제 목록(2019년)

적용병충해	품 목 명	제품명
흰 가 루 병	암펠로마이세스퀴스콸리스에이큐94013 수화제	큐펙트
	이미녹타딘트리스알베실레이트, 폴리옥신비 수화제	적토마
	이미녹타딘트리스알베실레이트, 피리벤카브 수화제	캡션
	카벤다짐, 크레속심메틸 수화제	탄제로
	크레속심메틸 액상수화제	스트로비
	크레속심메틸 입상수화제	마루치,해비치
	크레속심메틸, 트리플루미졸 액상수화제	드림하트
	테트라코나졸 유탁제	에머넌트
	트리포린 분산성액제	사프롤
	트리플루미졸 수화제	트리후민
	트리플루미졸 유제	큰댁
	페나리몰 유제	동부훼나리
	펜뷰코나졸 액상수화제	바톤
	펜티오피라드 유제	크린캡
	펜티오피라드, 피콕시스트로빈 액상수화제	대승
	폴리옥신디, 피리오페논 수화제	전담마크
	폴리옥신비 수용제	더마니
	프로클로라즈망가니즈 수화제	스포르곤
	프로클로라즈망가니즈, 테부코나졸 수화제	사천왕
	플루디옥소닐, 아이소페타미드 액상수화제	에프원
	플루디옥소닐, 펜티오피라드 액상수화제	더블플레이
	플루오피람, 트리플록시스트로빈 액상수화제	머큐리슈퍼
	플루퀸코나졸, 테트라코나졸 유현탁제	질주
	플루티아닐 유제	시워내
	플룩사피록사드 과립훈연제	젬머
	플룩사피록사드 액상수화제	카디스
	플룩사피록사드, 메트라페논 액상수화제	블루오션
	플룩사피록사드, 피라클로스트로빈 액상수화제	미리본
	피디플루메토펜 액상수화제	미래빛
	피라클로스트로빈 액상수화제	프로키온
	피라클로스트로빈 유제	카네기,카브리오
	피라클로스트로빈 입상수화제	카브리오에이
	피리메타닐 액상수화제	미토스
	헥사코나졸 입상수화제	침투왕
	황 액상수화제	마코니
	황 입상수화제	쿠무러스,트리로그
꽃 노 랑 총 채 벌 레	디노테퓨란 수화제	오신
	디노테퓨란 입상수화제	팬텀
	메톡시페노자이드, 스피네토람 액상수화제	제왕
	스피네토람 액상수화제	엑설트
	스피네토람 입상수화제	델리게이트
	스피노사드 수화제	기쁘미

딸기 병충해 방제용 작물보호제 목록(2019년)

적용병충해	품 목 명	제품명
꽃노랑총채벌레	아바멕틴, 사이플루메토펜 분산성액제	파워샷골드
	아바멕틴, 아세타미프리드 입상수화제	타이틀
	아바멕틴, 클로란트라닐리프롤 액상수화제	볼리암타고
	아세타미프리드 액제	신엑스
	아세타미프리드 입상수화제	스와튼,히든키
	에마멕틴벤조에이트, 플로니카미드 입상수화제	기대찬
	클로르페나피르, 클로티아니딘 액상수화제	스트라이크
	플루벤디아마이드, 티아클로프리드 액상수화제	신나고
	피리달릴, 스피네토람 유탁제	아리썬버드
담배거세미나방	메타플루미존 유제	벨스모
	메톡시페노자이드, 스피네토람 액상수화제	제왕
	아세타미프리드, 메톡시페노자이드 입상수화제	펀치볼
	인독사카브, 스피노사드 입상수화제	원파워
	플루벤디아마이드, 테플루벤주론 액상수화제	한창
대만총채벌레	아바멕틴, 에마멕틴벤조에이트 미탁제	영스타
	티아클로프리드 액상수화제	큐티클,칼립소,다끄마
딸기잎선충	이미시아포스 입제	네마킥
	포스티아제이트 입제	호크아이,선충탄
땅강아지	비펜트린, 클로르페나피르 과립훈연제	썬캐치
목화진딧물	디노테퓨란 수화제	오신
	디노테퓨란 입상수화제	팬텀
	디노테퓨란, 스피네토람 입상수화제	격파
	메톡시페노자이드, 티아클로프리드 액상수화제	에스지블루밍
	비펜트린 과립훈연제	타스타
	비펜트린, 이미다클로프리드 수화제	천하무적
	비펜트린, 클로르페나피르 과립훈연제	썬캐치
	사이안트라닐리프롤 액상수화제	베리마크
	사이안트라닐리프롤 유상수화제	베네비아
	설폭사플로르 액상수화제	트랜스폼
	설폭사플로르 입상수화제	스트레이트
	스피로테트라맷 액상수화제	모벤토
	아바멕틴, 아세타미프리드 입상수화제	타이틀
	아세타미프리드 과립훈연제	히든키
	아세타미프리드 분산성액제	애피다이
	아세타미프리드 수화제	모스피란
	아세타미프리드 액제	신엑스
	아세타미프리드 입상수용제	슈퍼칸,스파르타,충간다
	아세타미프리드 입제	모스피란
	아세타미프리드, 디플루벤주론 수화제	천하평정
	아세타미프리드, 메톡시페노자이드 입상수화제	펀치볼
	아세타미프리드, 설폭사플로르 입상수화제	힘센
	아세타미프리드, 인독사카브 수화제	맹타

딸기 병충해 방제용 작물보호제 목록(2019년)

적용병충해	품 목 명	제품명
뿌리썩이선충	아세타미프리드, 플루벤디아마이드 입상수화제	진검
	아세타미프리드, 플루페녹수론 수화제	모카스
	아세타미프리드, 피메트로진 입상수화제	커버스
	에마멕틴벤조에이트, 플로니카미드 입상수화제	기대찬
	클로란트라닐리프롤, 디노테퓨란 입상수화제	큐어링
	클로란트라닐리프롤, 플로니카미드 입상수화제	매니아
	클로티아니딘, 플루페녹수론 액상수화제	더블포인트
	테플루트린, 티아메톡삼 입제	테라피
	티아클로프리드 액상수화제	칼립소
	플로니카미드 입상수용제	헥사곤,세티스
	플로니카미드, 설폭사플로르 입상수화제	빅스톤
	피메트로진 입상수화제	우수수,플래넘
	이미시아포스 액제	네마킥
	이미시아포스 입제	네마킥
온실가루이	메톡시페노자이드, 티아클로프리드 액상수화제	에스지블루밍
	피리프록시펜 유제	신기루
작은뿌리파리	디노테퓨란 수화제	오신
	디노테퓨란 입상수화제	팬텀
	디플루벤주론, 이미다클로프리드 수화제	신속타
	루페뉴론 유제	파밤탄,매치
	메타플루미존 유제	벨스모
	메톡시페노자이드, 티아클로프리드 액상수화제	에스지블루밍
	비펜트린, 이미다클로프리드 수화제	천하무적
	비펜트린, 클로티아니딘 액상수화제	빗장
	사이안트라닐리프롤 액상수화제	베리마크
	사이클라닐리프롤 액제	라피탄
	스피네토람 입상수화제	델리게이트
	아바멕틴, 루페뉴론 액상수화제	안티섹트
	아바멕틴, 아세타미프리드 미탁제	온사랑
	아바멕틴, 에마멕틴벤조에이트 미탁제	영스타
	아세타미프리드 수화제	모스피란
	아세타미프리드, 디플루벤주론 수화제	천하평정
	아세타미프리드, 루페뉴론 액상수화제	젠토런
	아세타미프리드, 플루페녹수론 수화제	모카스
	카두사포스 입제	아파치,럭비
	클로르페나피르 액상수화제	섹큐어
	클로르페나피르 유제	렘페이지
	클로르플루아주론 유제	아타브론
	테플루벤주론 액상수화제	노몰트
	티아메톡삼 입상수화제	아타라,아라치
	플룩사메타마이드 유제	캡틴
	플룩사메타마이드 유탁제	다트롤

◉ 딸기 병충해 방제용 작물보호제 목록(2019년)

적용병충해	품 목 명	제품명
점박이응애	레피멕틴 유제	검투사
	밀베멕틴 수화제	마스터프로
	밀베멕틴 유제	밀베노크
	비스트리플루론, 클로르페나피르 액상수화제	레이서
	비페나제이트, 스피로메시펜 액상수화제	코드원
	비페나제이트, 펜뷰타틴옥사이드 액상수화제	피리처
	비페나제이트, 피리다벤 액상수화제	완봉
	비펜트린, 클로르페나피르 과립훈연제	썬캐치
	사이에노피라펜 액상수화제	쇼크
	사이에노피라펜, 에톡사졸 액상수화제	컷다운
	사이에노피라펜, 플루페녹수론 액상수화제	집중마크
	사이플루메토펜 액상수화제	파워샷
	스피로메시펜 액상수화제	지존
	아바멕틴 미탁제	젠토킬,안티충
	아바멕틴 유제	올스타,응애특급,겔럭시,에코멕틴,아바멕킬,선문이응애충,인덱스,큐멕틴,로멕틴,하이칸,버티맥,버클리,충싸악
	아바멕틴, 사이플루메토펜 분산성액제	파워샷골드
	아바멕틴, 설폭사플로르 액상수화제	슈퍼펀치
	아바멕틴, 아크리나트린 유탁제	트립솔
	아바멕틴, 에마멕틴벤조에이트 미탁제	영스타
	아바멕틴, 클로란트라닐리프롤 액상수화제	볼리암타고
	아바멕틴, 클로르페나피르 액상수화제	흑기사
	아바멕틴, 페나자퀸 액상수화제	돌직구
	아세퀴노실 액상수화제	가네마이트
	에톡사졸 액상수화제	주움
	클로르페나피르 유제	렘페이지
	클로르페나피르, 이미다클로프리드 액상수화제	발키리
	클로르페나피르, 클로티아니딘 액상수화제	스트라이크
	테부펜피라드 유제	피라니카
	펜프로파트린 유제	다니톨,다이토나
	펜피록시메이트 액상수화제	살비왕
	플루페녹수론 분산성액제	카스케이드,충애존
	피리다벤 유탁제	램제트
	피플루뷰마이드 액상수화제	노블레스
	헥시티아족스 수화제	붐
	아세퀴노실 액상수화제	가네마이트
차 응 애	에마멕틴벤조에이트 유제	말라타,워록,닥터팜,에이팜,트라제,코난,에코골드,동작그만,맥스팜,모스파워,브리핑,에마킹,쓸이충,메가히트,킹팜골드,압사충,카이노바

딸기 병충해 방제용 작물보호제 목록(2019년)

적용병충해	품 목 명	제품명
파 밤 나 방	노발루론 액상수화제	라이몬
	람다사이할로트린, 루페뉴론 유제	길라자비
	람다사이할로트린, 설폭사플로르 액제	백만장자
	루페뉴론 유제	나방스타,매치,충저지,나방스타, 나방다망,파밤탄,활주로
	메타플루미존 액상수화제	앨버드
	메톡시페노자이드 수화제	팔콘
	메톡시페노자이드 액상수화제	런너
	메톡시페노자이드, 티아클로프리드 액상수화제	에스지블루밍
	사이안트라닐리프롤 분산성액제	토리치
	사이클라닐리프롤 액제	라피탄
	스피네토람 액상수화제	엑설트
	아세타미프리드, 디플루벤주론 수화제	천하평정
	아세타미프리드, 에마멕틴벤조에이트 액제	살무사
	아세타미프리드, 에토펜프록스 수화제	만장일치
	아세타미프리드, 인독사카브 수화제	맹타
	아세타미프리드, 플루벤디아마이드 입상수화제	진검
	아세타미프리드, 플루페녹수론 수화제	모카스
	에마멕틴벤조에이트 액제	리치팜,올킹,리치팜플러스,쎈풍,타미칸
	에마멕틴벤조에이트 유제	말라타,닥터팜,에이팜,트라제,킹팜골드
	에마멕틴벤조에이트, 플로니카미드 입상수화제	기대찬
	인독사카브 분산성액제	어바운트
	인독사카브 수화제	암메이트
	인독사카브 액상수화제	스튜어드골드
	인독사카브 유제	암메이트에스,샤로트
	클로란트라닐리프롤 수화제	프레바톤
	클로란트라닐리프롤 입상수화제	알타코아
	클로란트라닐리프롤, 플로니카미드 입상수화제	매니아
	클로르페나피르, 클로티아니딘 액상수화제	스트라이크
	클로르플루아주론 유제	아타브론
	클로티아니딘, 플루페녹수론 액상수화제	더블포인트
	테트라닐리프롤 액상수화제	바이고
	플루벤디아마이드 액상수화제	애니충
	플루벤디아마이드, 티아클로프리드 액상수화제	신나고
	플루페녹수론 유제	홍두깨
	플루페녹수론, 인독사카브 수화제	박사내
	피리달릴 유탁제	알지오

딸기 병충해 방제용 작물보호제 목록(2019년)

적용병충해	품 목 명	제품명
일년생잡초	글루포시네이트-피 액제	자쿠사
	글루포시네이트암모늄 액제	바스타
	나프로파마이드 입제	데브리놀골드
	알라클로르 유제	알쏘라, 경농알라, 동방알라, 삼공알라, 아리알라, 라쏘, 성보알라, 선문알라
	펜디메탈린 유제	피에스펜디, 스톰프, 성보네, 데드라인, 펜디스타, 아리펜디, 풀나지마, 단초, 바테풀
일년생잡초 (화본과)	세톡시딤 유제	나브
생장촉진	클레토딤 유제	셀렉트
잿빛곰팡이병 (전착효과)	지베렐린산 수용제	아이에이피지베레린, 지베레린347, 이비엠더커, 대유지베레린, 영일지베레린, 경농지베레린, 동부지베레린, 유일지베레린, 지베레린골드
	폴리옥시에틸렌메틸폴리실록세인 액제	마쿠피카, 마쿠삐까

딸기 작물보호제 분류표 및 피해사례

◈ 살균제

약 제 명	품 목 명	적용 병충해	피 해 사 례
머 큐 리	플루오피람 액상수화제	잿빛곰팡이병	11~12월 꽃곰팡이 방제 위한 혼용 시 약해 발생
스 포 르 곤	프로클로라즈 망가니즈 수화제	시들음병 잿빛곰팡이병 흰가루병 탄저병	관주처리 시 20~25일 간격 처리. 지속적 사용하면 왜화현상 발생 1화방 수정 이후 2화방 출뢰 시 살포하면 2화방이 짧아짐
오 티 바	아족시스트로 빈 액상수화제	탄저병	개화기 살포시 90% 정도 수정 불량 1화방 및 2화방 개화 전 사용
카 브 리 오	피라클로스트 로빈 유제	탄저병 흰가루병	개화기 살포시 90% 정도 수정 불량. 1화방 및 2화방 개화 전 사용, 유묘기 관주 시 약해 발생 심함
커 튼	아미설브롬 · 사이목사닐 입상수화제	역병(육묘상)	다른 약제 혼용 시 약해 발생 심함
코사이드, 쿠퍼	코퍼하이드록 사이드 수화제	시들음병	동제 계통은 점적기가 막힘 다른 약제 혼용하지 말고 관주살포
해 비 치	크레속심메틸 입상수화제	흰가루병	개화기 살포시 90% 정도 수정 불량 1화 방 및 2화방 개화 전 사용

◈ 살충제

약 제 명	품 목 명	적용 병충해	피 해 사 례
아 타 라	티아메톡삼 입상수화제	작은뿌리파리	아주심기 후 사용 시 2~3개월 정도 벌이 활동을 안함(육묘기에만 사용)
오 신	디노테퓨란 수화제	목화진딧물 꽃노랑총채 작은뿌리파리	아주심기 후 사용 시 2~3개월 정도 벌이 활동을 안함(육묘기에만 사용)

딸기 적용 작물보호제 작용기작별 분류

- 작 성 자 : 전라북도농업기술원 박정호 지도사(시설원예기술사)
- 참고자료 : 농진청 고시 제2016-21호 및 작물보호지침서(17년)

딸기 적용 작물보호제 작용기작별 분류

1. 살균제 작용기작별 분류기준

※ 화분발아억제 및 생육억제 청색 표기 ※ 벌독성 적색표기

작용기작 구분	세부 작용기작	표시기호	잿빛곰팡이	흰가루병	탄저병	시들음병	역병
세포분열 저해	o microtubule (벤지미다졸계)	나1	지오판 파채탄 치호톱 카벤디온 샤크, 상비균 톱신엠 지오판엠 샹그리라 깨끄탄(+나2) 해마지 가벤다 월드천 로브카(+마3) 골자비(+나2) 크네이트(+다2) 다스린(+마3) 만능타(+카)	크네이트(+다2) 포커스(+사1)		가지란(+바3)	
	o microtubule (페닐카바메이트계)	나2	골자비(+나1) 깨끄탄(+나1) 임페리얼(+마3)				
호흡 저해 (에너지 생성 저해)	o 복합제Ⅱ의 succinate dehydrogenase 저해	다2	머큐리 크린캡 크네이트(+나1) 에스원(+마2) 칸투스 병모리(+사1) 코리스(+다3) 블루오션(+타) 병모리(+사1) 캠션(+카) 블루오션(+타)	블루오션(+타) 머큐리슈퍼(+다3) 크린캡 크네이트(+나1) 새나리 벨리에스(+다3) 원투원(+타) 위트니스(+타) 칸투스 캠션(+카)	미리본(+다3) 캠션(+카)	미리본(+다3)	
	o 복합제Ⅲ의 cytochrome bc1기능저해(QoI)	다3	크네이트(+나1) 코리스(+다2) 차단(+사1)	카브리오 카브리오에이 프로키온 해비치 아미스타탑(+사1) 머큐리슈퍼(+다2) 벨리에스(+다2) 캐스팅(+이5)	탄앤탑 병자비 폴리비전 아너스 아리아족 미라도 두루두루 카브리오에이 카브리오 프로키온 오티바 역발산 나타나 미리본(+다2) 찬찬(+마3) 귀품(+사1) 매카니(+카)	미리본(+다2)	
	o 복합제Ⅲ의 cytochrome bc1기능저해(QiI)	다4					커튼(+타)
아미노산 및 단백질합성 저해	o methionine 생합성저해제	라1	미토스 팡파르 금로미(+사1)	미토스			

딸기 적용 작물보호제 작용기작별 분류

- 작 성 자 : 전라북도농업기술원 박정호 지도사(시설원예기술사)
- 참고자료 : 농진청 고시 제2016-21호 및 작물보호지침서(17년)

※ 화분발아억제 및 생육억제 청색 표기

작용기작 구분	세부 작용기작	표시기호	잿빛곰팡이	흰가루병	탄저병	시들음병	역병
신호전달 저해	o 삼투압 신호전달 효소 MAP 저해(os-2, HOG1)	마2	사파이어 헤드립 헤드립골드 에스원(+다2)				
	o 삼투압 신호전달 효소 MAP 저해(os-1, Daft)	마3	팡이큐 초그만 팡청소 사이미돈 로브랄 균사리 인바이오프로 새노브란 다스린(+나1) 로데오 살균왕 균프로 마름뚝 임페리얼(+나2) 스미렉스 너도사 영일프로파 로브카(+나1)		찬찬(+다3)		
지질생합성 및 막 완전성 저해	o 지질 과산화와 관련	바3				가지란(+나1)	
	o 병원균 세포막 투과막 기능교란 미생물	바6	세레나데맥스				
막에서 스테롤생합성 저해	o lanosterol C-14 demethylase 기능저해	사1	스포르곤 차단(+다3) 금로미(+라1) 병모리(+다2) 균모리(+사3)	침투왕 카자테 올림프 고스트 사천왕 스포르곤 훼나리 크리후민 큰댁 배못 에머넌트 디펜더 옵션(+타) 포커스(+나1) 맥마탄(+타) 푸른탄 보가드 푸름이 로티플 바톤	탄저박사 듬지칸 귀품(+다3) 사천왕 커스토디아 스포르곤 바이블(+나5) 보가드 푸른탄 머니업 금모아(+사3) 단단(+카)	스포르곤 살림군	
	o sterol C-3 ketoreductase 기능저해	사3	균모리(+사1) 텔도 균사리(+가)		금모아(+사1)		
세포벽 생합성 저해	o chitin 생합성 저해	아4		더마니 전담마크(+타)			
	o cellulose 생합성 저해	아5		캐스팅(+다3)			래버스
다점 접촉작용	o 보호살균제 무기유황제, 무기구리제, 유기비소제 등	카	캠션(+다2) 만능타(+나1) 부티나 탈렌트 홀펫	쿠므러스 트리로그 캠션(+다2) 산요루 마코니	다코닐에이스 균스타일 단단(+사1) 캡탄 모두나 캠션(+다2) 부티나 탈렌트 매카니(+다3)	코사이드 쿠퍼 쿠퍼사이드 코사이드옵티	
작용기구 불명	o 메트라페논, 사이목사닐, 사이플루페나미드 등	타	보트리사이드 펜피라 블루오션(+다2)	블루오션(+다2) 시워내 헌트(+사1) 월계수(+사1) 실버스타(+사1) 원투원(+다2) 위트니스(+다2) 옵션(+사1) 맥마탄(+사1) 전담마크(+아4)			커튼(+다4)

딸기 적용 작물보호제 작용기작별 분류

- 작 성 자 : 전라북도농업기술원 박정호 지도사(시설원예기술사)
- 참고자료 : 농진청 고시 제2016-21호 및 작물보호지침서(17년)

딸기 적용 작물보호제 작용기작별 분류

2. 살충제 작용기작별 분류기준

※ 벌독성 적색표기

작용기작 구분	세부그룹 분류	표시기호	응애	작은뿌리파리	총채벌레	진딧물	파밤나방
Na 통로 조절	o pyrethroids pyrethrins	3a	세마치(+23) 다니톨 다이토나 충프로 피리처(+4a)	빗장(+4a) 천하무적(+4a)		테라피(+4a) 썬캐치(+13) 천하무적(+4a)	만장일치(+4a) 피리처(+4a) 길라자비(+15)
	o DDT Methxychlor	3b					
신경전달물질 수용체 차단	o neonicotinoids	4a	발키리(+13) 스트라이크(+13)	에스지블루밍(+18) 신나고(+28) 아타라 천하평정(+15) 모스피란 오신 팬텀 빗장(+3a) 천하무적(+3a) 신엑스	칼립소 스와튼 인터폴 에피다이 신엑스 오신 팬텀 스트라이크(+13)	칼립소 모카스(+15) 에스지블루밍(+18) 스와튼 인터폴 테라피(+3a) 더블포인트(+15) 진검(+28) 맹타(+22) 힘센(+4c) 펀치볼(+18) 천하평정(+15) 신엑스 스파르타 모스피란 애피다이 천하무적(+3a) 격파(+5) 오신 팬텀	신나고(+28) 모카스(+15) 에스지블루밍(+18) 더블포인트(+15) 스트라이크(+13) 진검(+4a) 맹타(+22) 만장일치(+3a) 피리처(+3a) 천하평정(+15)
	o sulfoxaflor	4c				힘센(+4a) 트랜스폼 스트레이트	
신경전달물질 수용체 기능향진	o spinosyns	5		엑설트 델리게이트	엑설트 델리게이트 제왕(+18)	격파(+4a)	엑설트
염소통로 활성화	o avermectins mibemycins	6	돌직구(+21a) 볼리암-타고(+28) 올스타 버티맥 인덱스 로멕틴 선문이응애충 밀베노크 검투사 올웨이스 갤럭시 로멕틴 대유충다이 안티맥 쏘렌토 큐메틴 온족족 아라베스크 레딧고 흑기사(+13)		볼리암-타고(+28)		에이팜 닥터팜 파인올킬 조은팜
매미목 해충의 선택적 섭식저해	o flonicamid	9c				세티스	

딸기 적용 작물보호제 작용기작별 분류

- 작 성 자 : 전라북도농업기술원 박정호 지도사(시설원예기술사)
- 참고자료 : 농진청 고시 제2016-21호 및 작물보호지침서(17년)

※ 벌독성 적색표기

작용기작 구분	세부그룹 분류	표시기호	응애	작은뿌리파리	총채벌레	진딧물	파밤나방
응애류 생장저해	o etoxazole	10b	주움 컷다운(+25)				
마이토콘드리아 ATP합성효소 저해	o organotin miticides	12b	피리처(+20b)				
수소이온 구배형성저해	o chlorfenapyr DNOC sulfluramid	13	발키리(+4a) 스트라이크(4a) 렘페이지 레이서(+15) 혹기사(+6)	섹큐어 렘페이지	스트라이크(+4a)	썬캐치(+3a)	스트라이크(+4a)
0형 키틴합성저해	o benzoylureas	15	카스케이드 플루페녹수론 아롱이 홍두께 집중마크(+25) 레이서(+13)	노몰트 아타브론 파밤탄 매치 천하평정(+4a)		모카스(+4a) 더블포인트(+4a) 천하평정(+4a)	카스케이드 플루페녹수론 아롱이 홍두께 아타브론 모카스(+4a) 라이몬 박사내(+22a) 더블포인트(+4a) 천하평정(+4a) 매치 파밤탄 길라자비(+3a)
탈피호르몬 수용체 기능항진	o diacylhydrazines	18		에스지블루밍(+4a)	제왕(+5)	에스지블루밍(+4a) 펀치볼(+4a)	에스지블루밍(+4a) 팔콘 런너
전자전달계 복합체 I 저해	o METI acaricides and insecticides	21a	살비왕 피라니카 돌직구(+6) 완봉(+20b) 램제트				샤로트
	o rotenone	21b					앨버드
전위 의존 Na 통로 폐쇄	o indoxacarb	22a				맹타(+4a)	박사내(+15) 암네이트 스튜어드골드 맹타(+4a)
	o metaflumizone	22b					
지질생합성저해	o tetronic and tetramic acid derivatives	23	지존 코드원 새마치(+3a)				
전자전달계 복합체II 저해	o beta-ketonitrile derivatives	25	파워샷 집중마크(+15) 쇼크 컷다운(+10b)				
라이아노딘 수용체 조절	o diamides	28		신나고(+4a)	불리암-타고(+6)	진검(+4a) 베네비아	신나고(+4a) 애니충 알타코아 진검(+4a) 토리치

편집인 : 구본철, 권민, 김율호, 조지홍

집필인 : 이종남, 서종택, 김기덕, 김창석, 지삼녀, 최미자, 윤복례, 김혜진

국내 최초 가을생산용 딸기 고슬 재배매뉴얼

초판 인쇄 2021년 06월 08일
초판 발행 2021년 06월 11일

저　자 농촌진흥청 국립식량과학원
발행인 김갑용

발행처 진한엠앤비
주소 서울시 서대문구 독립문로 14길 66 205호(냉천동 260)
전화 02) 364 - 8491(대) / 팩스 02) 319 - 3537
홈페이지주소 http://www.jinhanbook.co.kr
등록번호 제25100-2016-000019호 (등록일자 : 1993년 05월 25일)

ISBN 979-11-290-2122-9 (93520) [정가 10,000원]